轻松玩转

多旋翼无人机

崔胜民　主编

刘云宾　吴永亮　宋金平　副主编

化学工业出版社

·北京·

本书全面系统地介绍了无人机的定义与分类，多旋翼无人机的主要部件和飞行理论、组装、训练、应用，无人机相关法律法规以及无人机驾驶员的培训和考试等。本书内容既包含了无人机的基础知识，又包含了多旋翼无人机设计开发理论，通过学习，读者可以全面了解多旋翼无人机的结构、理论和应用，轻松设计或组装多旋翼无人机，掌握多旋翼无人机飞行训练方法。

本书内容新颖，图文并茂，通俗易懂，实用性强，可供无人机爱好者阅读，还可供从事无人机行业的工程技术人员及相关专业的学生参考。

图书在版编目（CIP）数据

轻松玩转多旋翼无人机/崔胜民主编 . —北京：化学工业出版社，2017.1（2023.9重印）

ISBN 978-7-122-28575-1

Ⅰ.①轻… Ⅱ.①崔… Ⅲ.①无人驾驶飞机 Ⅳ.①V279

中国版本图书馆 CIP 数据核字（2016）第 287854 号

责任编辑：陈景薇　　　　　　　　　　　文字编辑：冯国庆
责任校对：宋　玮　　　　　　　　　　　装帧设计：王晓宇

出版发行：化学工业出版社（北京市东城区青年湖南街 13 号　邮政编码 100011）
印　　装：北京建宏印刷有限公司
710mm×1000mm　1/16　印张 12½　字数 243 千字　2023 年 9 月北京第 1 版第 12 次印刷

购书咨询：010-64518888　　　　　　　　售后服务：010-64518899
网　　址：http://www.cip.com.cn

凡购买本书，如有缺损质量问题，本社销售中心负责调换。

定　　价：48.00 元

前言
FOREWORD

近年来，随着民用无人机产品的热销、各种相关技术的不断进步、开源飞控的推动、专业人才的不断加入以及资本的投入等因素，多旋翼无人机技术得到迅猛发展，已经成为人们最喜爱的智能产品之一。

本书全面系统地介绍了多旋翼无人机相关知识。全书共分七章，第一章介绍了无人机的相关概念、分类、特点、发展历程及趋势、关键技术；第二章介绍了多旋翼无人机的主要部件，包括多旋翼无人机的组成、布置形式以及多旋翼无人机用电动机、电调、螺旋桨、电池、飞控系统、机载设备、图传设备和遥控器等；第三章介绍了多旋翼无人机飞行理论，包括多旋翼无人机坐标系、飞行原理、姿态描述、姿态解算、数学模型和控制技术等；第四章介绍了多旋翼无人机 DIY，包括如何拥有自己的无人机、多旋翼无人机主要部件选择和组装等；第五章介绍了多旋翼无人机飞行训练，包括多旋翼无人机飞行注意事项、基本飞行训练、进阶飞行训练、专业飞行训练和应急飞行训练以及利用模拟器进行飞行训练等；第六章介绍了多旋翼无人机的 13 种应用场景，重点介绍了多旋翼无人机在航拍和农业植保中的应用；第七章介绍了无人机的相关法律法规，主要包括民用无人机空中交通管理办法、轻小型无人机运行规定、民用无人机驾驶员管理规定以及民用无人机驾驶员培训和考试标准等。

本书主编为崔胜民，副主编为刘云宾、吴永亮、宋金平，参与编写的还有刘昌进、陶仕佳。在本书编写过程中，感谢威海星煜无人机科技有限公司提供的材料。同时，书中引用了一些产品使用说明书以及参考文献中的部分内容，特向其作者表示深切的谢意。

由于笔者学识有限，书中不足之处在所难免，恳盼读者给予指正。

编　者

目录
CONTENTS

第一章

了解无人机

第一节　无人机的相关概念

当前我国智能制造产业正处在新一轮技术革命 10 年周期的起点上，无人机已经成为热点词汇之一，越来越受到人们的关注。无人机用途极为广泛，除军事用途外，未来市场主要集中于航拍、农林植保、电力巡检等领域。随着无人机技术壁垒降低、硬件成本下降、需求增多、投资火爆、政策管制逐步放开等，我国民用无人机行业将呈现爆发式增长。

随着无人机市场的火热，有些航模飞机、遥控玩具飞机等也被称为无人机，造成称谓上的混乱。在此介绍飞行器、无人机、航模遥控飞机、玩具遥控飞机的概念，了解它们的区别，以便更好地学习无人机的相关知识。

一、飞行器

飞行器是指由人类制造、能飞离地面、在空间飞行并由人来控制的在大气层内或大气层外飞行的器械飞行物。飞行器分为航空器、航天器、火箭、导弹和制导武器等。

1. 航空器

航空器是指在大气层内飞行的飞行器，主要依靠空气的静浮力或与空气相对运动产生的空气动力升空飞行。典型的例子有热气球、滑翔机、飞机、直升飞机、旋翼机、飞艇等。

（1）热气球　热气球是用热空气作为浮升气体的气球，如图 1-1 所示。在气囊底部有供冷空气加热用的大开口和吊篮。空气加热后密度减小，温度达 $100℃$ 时密度约为 $0.95kg/m^3$，是空气的 $1/1.3$，因此升空不高。现代热气球在吊篮中安装有简单的飞行仪表、燃料罐和喷灯等设备。从地面升空时，点燃喷灯，将空气加热后从气囊底部开口处充入气囊。升空飞行后，控制喷灯的喷油量操控气球的上升或下降。热气球出现得最早，现今乘热气球飞行已成为人们喜爱的一种航空体育运动。此外，热气球还常用于航空摄影和航空旅游。

（2）滑翔机　滑翔机是指不依靠动力装置飞行的固定翼航空器，起飞后仅依靠空气作用其升力面上的反作用力进行自由飞行，如图 1-2 所示。它不能自行起飞，要依靠飞机拖带、汽车或绞盘车牵引、弹性绳索弹射等外力获得速度而起飞升空，还可从高坡上下滑到空中。现代滑翔机主要用于体育运动，分为初级滑翔机和高级滑翔机。前者主要用于训练飞行，后者主要用于竞赛和表演，有的还可以完成各种高级空中特技，如翻跟斗和螺旋等。

图 1-1　热气球

图 1-2　滑翔机

（3）飞机　飞机是指具有一个或多个发动机的动力装置产生前进的推力或拉力，由机身的固定机翼产生升力，在大气层内飞行的航空器，如图 1-3 所示。飞机是最常见的一种固定翼航空器。按照其使用的发动机类型又可分为喷气式飞机和螺旋桨式飞机。

图 1-3　飞机

（4）直升飞机　直升飞机本质上是不同于飞机的另一种飞行器，其推力、升力和操控的实现均与飞机有很大的差距。直升飞机主要由机体（含旋翼和尾桨）、动力系统、传动系统以及机载飞行设备等组成，如图 1-4 所示。旋翼一般由涡轮轴发动机或活塞式发动机通过由传动轴及减速器等组成的机械传动系统来驱动，也可由桨尖喷气产生的反作用力来驱动。

图 1-4 直升飞机

（5）旋翼机 旋翼机是一种利用向前飞行时的相对气流吹动旋翼自转以产生升力的旋翼航空器，如图 1-5 所示，它介于飞机和直升飞机之间。旋翼机与直升飞机的最大区别是旋翼机的旋翼不与发动机传动系统相连，发动机不是以驱动旋翼为旋翼机提供升力，而是在旋翼机飞行的过程中，由前方气流吹动旋翼旋转产生升力，旋翼系统仅在启动时由自身动力驱动，起飞之后靠空气作用力驱动；而直升飞机的旋翼与发动机传动系统相连，既能产生升力，又能提供飞行的动力。由于旋翼为自转式，传递到机身上的转矩很小，因此旋翼机无需像单旋翼直升飞机那样的尾桨，但是一般装有尾翼，以控制飞行。

（6）飞艇 飞艇是一种轻于空气的航空器，它与热气球最大的区别在于具有推进和控制飞行状态的装置。飞艇由巨大的流线型艇体、位于艇体下面的吊舱、起稳定控制作用的尾面和推进装置组成，如图 1-6 所示。艇体的气囊内充以密度比空气小的浮升气体（有氢气或氦气），借以产生浮力使飞艇升空；吊舱供人员乘坐和装载货物；尾面用来控制和保持航向、俯仰的稳定。大型民用飞艇可以用于交通、运输、娱乐、赈灾、影视拍摄、科学实验等。

图 1-5 旋翼机

图 1-6 飞艇

2. 航天器

航天器是指在大气层外飞行的飞行器，它们需要通过火箭等运载工具获得必要的速度进入大气层外，并在引力作用下进行近似天体的轨道运动。典型的例子有人造地球卫星、载人飞船、航天飞机、空间探测器、空间站等。

（1）人造地球卫星　人造地球卫星是指环绕地球飞行并在空间轨道运行一圈以上的无人航天器，如图1-7所示。人造地球卫星是发射数量最多、用途最广、发展最快的航天器。人造地球卫星按用途可分为科学卫星、技术试验卫星和应用卫星。科学卫星是用于科学探测和研究的卫星，主要包括空间物理探测卫星和天文卫星，用来研究高层大气、地球辐射带、地球磁层、宇宙线、太阳辐射等，并可以观察其他星体。技术试验卫星是进行新技术试验或为应用卫星进行试验的卫星，航天技术中有很多新原理、新材料、新仪器，其能否使用，必须在外层空间中进行试验；一种新卫星的性能如何，也只有把它发射到外层空间中试验成功后才能应用。应用卫星是直接为人类服务的卫星，它的种类最多，数量最大，其中包括通信卫星、气象卫星、侦察卫星、导航卫星、测地卫星、地球资源卫星、截击卫星等。

（2）载人飞船　载人飞船是指能保障航天员在外层空间生活和工作以执行航天任务并返回地面的航天器，如图1-8所示。载人飞船可以独立进行航天活动，也可作为往返于地面和空间站之间的"渡船"，还能与空间站或其他航天器对接后进行联合飞行。载人飞船容积较小，受到所载消耗性物质数量的限制，不具备再补给的能力，而且不能重复使用。

图1-7　人造地球卫星

图1-8　载人飞船

（3）航天飞机　航天飞机是一种有人驾驶、可重复使用、往返于太空和地面之间的航天器，如图1-9所示。它既能像运载火箭那样把人造卫星等航天器送入太空，也能像载人飞船那样在轨道上运行，还能像滑翔机那样在大气层中滑翔着陆。航天飞机是人类自由进出太空的工具，是航天史上的一个重要里程碑。

（4）空间探测器　空间探测器又称深空探测器或宇宙探测器，是对月球和月球以远的天体及空间进行探测的无人航天器，是空间探测的主要工具，如图1-10所示。空间探测器装载科学探测仪器，由运载火箭送入太空，飞近月球或行星进行近距离观测，做人造卫星进行长期观测，着陆进行实地考察，或采集样品进行研究分析。空间探测器按探测的对象划分为月球探测器、行星和行星际探测器、小天体探测器等。空间探测器的显著特点是在空间进行长期飞行，地面不能进行实时遥控，所以必须具备自主导航能力；向太阳系外行星飞行，远离太阳，不能采用太阳能电池阵，而必须采用核能源系统；承受十分严酷的空间环境条件，需要采用特殊防护结构；在月球或行星表面着陆或行走，需要一些特殊形式的结构。

图 1-9　航天飞机

图 1-10　空间探测器

（5）空间站　空间站又称太空站、航天站、轨道站，是一种在近地轨道长时间运行、可供多名航天员巡访、长期工作和生活的载人航天器，如图 1-11 所示。空间站分为单一式和组合式两种。单一式空间站可由航天运载器一次发射入轨，组合式空间站则由航天运载器分批将组件送入轨道，在太空组装而成。空间站中要有人能够生活的一切设施，不再返回地球。

3. 火箭

火箭是以火箭发动机为动力的飞行器，如图 1-12 所示。它主要靠喷射高压气体或者其他物质给自身提供强大的动力进行飞行，既可以在大气层内飞行，也可以在大气层外飞行。

图 1-11　空间站

图 1-12　火箭的发射

4. 导弹

导弹是指具有战斗力的可控制的火箭，包括主要在大气层外飞行的弹道导弹和装有翼面在大气层内飞行的地空导弹、巡航导弹等。

（1）弹道导弹　弹道导弹是在火箭发动机推力作用下按预定程序飞行，关机后按自由抛物体轨迹飞行的导弹，如图 1-13 所示。其飞行弹道一般分为主动段和被动段。主动段是导弹在火箭发动机推力和制导系统作用下，从发射点起飞到火箭发动机关机时的飞行路径；被动段包括自由飞行段和再入段，是导弹按照在主动段终点获得的给定速度和弹道仪角作惯性飞行，到弹头起爆的路径。

图 1-13　弹道导弹

（2）地空导弹　地空导弹是指从地面发射攻击空中目标的导弹，又称防空导弹，如图 1-14 所示。它是组成地空导弹武器系统的核心。地空导弹是由地面发射，攻击敌方来袭飞机、导弹等空中目标的一种导弹武器，是现代防空武器系统中的一个重要组成部分。

图 1-14　地空导弹

（3）巡航导弹　巡航导弹主要是指以巡航状态在稠密大气层内飞行的导弹，如图 1-15 所示。巡航状态是指导弹在火箭助推器加速后，主发动机的推力与阻力平衡，弹翼的升力与重力平衡，以近于恒速、等高度飞行的状态，其飞行弹道通常由起飞爬升段、巡航段和俯冲段组成。它依靠喷气发动机的推力和弹翼的气动升力进行飞行。

5. 制导武器

制导武器是指能够按照一定规律进行的、在大气中飞行的高命中率武器，如末敏弹、制导炮弹等。

图 1-15　巡航导弹

（1）末敏弹　末敏弹是一种能够在弹道末段探测出目标的存在，并使战斗部朝着目标方向爆炸的现代弹药，如图 1-16 所示，主要用于自主攻击装甲车辆的顶装甲，在 21 世纪信息化战场上具有作战距离远、命中率高、毁伤效果好、效费比高和发射后不管等优点。

图 1-16　末敏弹

（2）制导炮弹　制导炮弹是一种高新技术炮弹，它使火炮这类间接瞄准杀伤武器具备远距离精确打击点目标（装甲目标）的能力，如图 1-17 所示。

图 1-17　制导炮弹

随着科学技术的发展以及人们对太空的不断探索，各种新型的飞行器将不断出现。

如图 1-18 所示是洛克希德-马丁公司设计的超音速绿色飞机，该方案采用了关键的倒 V 形发动机，巧妙地降低了音爆，其革命性的技术有助于实现航程、载荷和环保目标，预计在 2030 年左右开始投入使用。

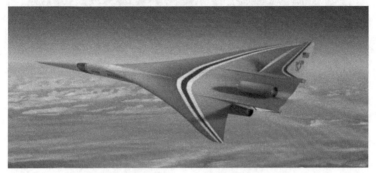

图 1-18　洛克希德-马丁公司设计的超音速绿色飞机

波音公司与洛克希德-马丁公司合资企业联合发射联盟公司（ULA）将同毕格罗航空公司合作，于 2020 年发射首个充气私人太空站，它可能成为首座太空旅馆（图 1-19），并迎来首批太空居民。

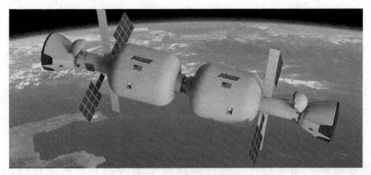

图 1-19　太空旅馆

二、无人机

无人机（unmanned aerial vehicle，UAV）是利用无线电遥控设备或自备的程序控制装置操控的不载人飞机，是飞行器的一种，所以有时也把无人机称为飞行器。

无人机最早在 20 世纪 20 年代出现，1914 年第一次世界大战正进行得如火如荼，英国的卡德尔和皮切尔两位将军，向英国军事航空学会提出了一项建议，研制一种不用人驾驶而用无线电操控的小型飞机，使它能够飞到敌方某一目标区域上空，将事先装在小型飞机上的炸弹投下去。研制小组经过多次试

验，研制出一台无线电遥控装置，飞机设计师设计出一架小型单翼机，并把无
线电遥控装置安装到这架小飞机上，如图 1-20 所示。

图 1-20　世界上第一架无人机

在第二次世界大战及后来的反恐战争中，无人机在军事领域发挥了重要作
用，其功能主要有靶机、侦查监视、骗敌诱饵、实施干扰、对地攻击、校射、
通信中继等。如图 1-21 所示为军用无人机。

图 1-21　军用无人机

进入 21 世纪，新兴科技让军用无人机的性能更加优秀，也促进了民用无
人机的诞生和发展。如图 1-22 所示为植保用无人机。

图 1-22　植保用无人机

　　无人机这一概念往往仅限定在飞机自身，实际上这是不准确的。无人机是由一套完整的系统构成，除飞机自身以外，还包括地面装置和通信链路系统。无人机类型不同，其系统构成也有差异。

　　无人机控制一般分为半自主控制和全自主控制。半自主控制是指飞控系统的控制算法能够保持无人机的姿态稳定，但还是需要通过人员遥控操控；全自主控制是指飞控系统的控制算法能够完成无人机航路点到航路点的位置控制以及自动起降等。目前民用无人机主要是半自主控制。

图 1-23　航模遥控飞机

三、航模遥控飞机

　　在国际航联制定的竞赛规则里明确规定，航模遥控飞机是一种重于空气的、有尺寸限制的、带有或不带有动力装置的、可遥控的不能载人的航空器，如图 1-23 所示。航模遥控飞机要在视距内飞行，它不具有飞控导航系统和任务系统。

　　无人机与航模飞机都是非载人的航空飞行器，但具有以下不同点。

　　（1）飞控系统不同　无人机与航模飞机的主要区别之一在于是否有飞控导航系统，能否实现自主飞行。无人机可以自主驾驶，超距飞行，通过复杂的中央飞控系统，与地面控制参数进行交互，控制飞机的姿态和运动，是程序控制。航模飞机虽然也是无人驾驶，但是在操控人员的视距范围内由操控人员遥控实现运动和姿态的调整。

　　（2）自动控制不同　在自动控制方面，无人机能够智能应对各种情况，要求进行任务执行，与地面站进行数据融合和任务确认，并要求进行下一步操作。而大多数航模飞机的自动控制只能实现失控后自动返航。

　　（3）组成不同　无人机比航模飞机要复杂。航模飞机由飞行平台、动力系统、视距内遥控系统组成，主要是为了大众的观赏性和娱乐性，科技含量不高。无人机系统由飞行平台、动力系统、飞控系统、链路系统、任务系统、地面站等组成，主要是为了完成特定任务，追求的是系统的任务完成能力，科技含量高。部分高档的航模飞机和低档的无人机的飞行平台及动力系统部分并无太大区别。

　　（4）用途不同　无人机多执行超视距任务，早期的无人机主要应用于战争，执行军事任务，最大任务半径上万千米。通过飞控系统自主飞行，通过链路系统上传控制指令和下传任务信息。随着无人机的发展，无人机在民用方面的用途越来越广泛，如航拍、植保、森林防火、高速公路巡查、探矿等应用领域。航模飞机则侧重于航空模型运动、参与国际航联竞赛项目、航模爱好者交流研究等方面，航模飞机通常在目视视距范围内飞行，控制半径小于800m，操作人员目视飞机，通过手中的遥控器操控飞机，只完成飞行任务，不需要完成其他任务。

（5）安全管理不同　在我国，民用无人机由民航局统一管理，军用无人机由军方统一管理，航模飞机由国家体委下属航空运动管理中心管理。

总之，无人机和航模飞机既有相同点，又有不同点，民用无人机和航模飞机相同点更多一些。

四、玩具遥控飞机

玩具遥控飞机与航模遥控飞机相比，结构简单，价格便宜，体积小，其电子调速器、接收器、飞控都是集成在一起的，用的都是空心杯电动机，也不存在散热问题，如图1-24所示。航模遥控飞机通常是能适用于室外飞行的，并能在一定风雨环境条件下操控；而玩具遥控飞机只能在室内等小风甚至无风环境飞行。

图1-24　玩具遥控飞机

近几年，无人机民用技术越来越成熟，市场销量越来越大，无人机、航模遥控飞机、玩具遥控飞机没有相应标准，三者的界限越来越模糊，公众现在几乎都称其为无人机。

第二节　无人机的分类

目前无人机分类没有统一的标准，有多种划分方法，如按动力源划分、按飞行平台构型划分、按用途划分、按行业应用划分等。

一、按动力源划分

根据动力源的不同，无人机可分为油动无人机、电动无人机、氢燃料无人机和太阳能无人机等。

1. 油动无人机

油动无人机采用燃料油作为驱动力，一般采用汽油，如图1-25所示。优点是续航时间长，续航能力强；具有较好的抗风能力。缺点是使用复杂，不易操控，对操作人员要求较高；稳定性差；环境场地适应性差，高原性能不足；振动较大；存在安全隐患，坠机可能引发火灾。

2. 电动无人机

电动无人机采用动力电池作为驱动力，一般采用锂离子电池，如图1-26所示。优点是系统稳定性强，可靠性高；日常维护简单，易操控，对操作人员要求较低；场地适应能力强，展开迅速，轻便灵活；高原性能优越，电动机输出功率不受含氧量影响；电池可充电重复使用，使用成本低，同时环保低碳；振动小；安全性高。缺点是续航能力弱；抗风能力弱。

图 1-25　油动无人机

图 1-26　电动无人机

3. 氢燃料无人机

氢燃料无人机弥补了电动无人机续航能力弱的缺点，使用传统电池的无人机的平均飞行时间大概为 20～25min，而搭载氢燃料电池的无人机能够实现数小时、长距离的持续飞行。如图 1-27 所示为氢燃料无人机。

4. 太阳能无人机

太阳能无人机是指使用太阳能电池作为驱动力的无人机，如图 1-28 所示，是未来无人机的发展方向。

图 1-27　氢燃料无人机

图 1-28　太阳能无人机

二、按飞行平台构型划分

按飞行平台构型划分，无人机可以分为固定机翼无人机、多旋翼无人机、无人直升飞机、无人飞艇、伞翼无人机以及扑翼无人机等。

1. 固定机翼无人机

固定机翼无人机就是机翼固定不动，倚靠机翼承受的相对风产生足够的升力飞行，空气动力舵负责控制飞行。固定机翼无人机的优点是续航时间长，飞行效率高，载荷大；缺点是起飞的时候需要助跑，降落的时候必须要滑行。

固定机翼无人机分为飞机外形无人机和飞翼无人机。

（1）飞机外形无人机 飞机外形无人机包括机翼、机身、方向舵和尾翼，如图1-29所示。机翼和机身比较纤细，因此续航能力强，每次飞行距离可以达到数百千米以上，擅长执行沿直线飞行的任务。不足之处在于转弯半径较大，受侧风影响易失去稳定性。

（2）飞翼无人机 飞翼无人机如图1-30所示，其外形简洁，飞翼本身提供的升力足够飞行所用。飞翼的形状很稳定，不需要方向舵和尾翼，其操作简便，即使在有阵风的情况下也同样适合沿既定航空路线飞行。

图1-29 飞机外形无人机

图1-30 飞翼无人机

2. 多旋翼无人机

多旋翼无人机是一种具有三个及以上旋翼轴的特殊的无人驾驶直升飞机，通过每个轴上的电动机转动，带动旋翼，从而产生推力。旋翼的轴距固定，而不像一般直升飞机那样可变。通过改变不同旋翼之间的相对转速，可以改变单轴推力的大小，从而控制无人机的运行轨迹。多旋翼无人机的优点是机械结构简单，可折叠，可垂直起降，可悬停，对场地要求比较低；缺点是续航时间短，载荷小。

多旋翼无人机主要有四旋翼无人机、六旋翼无人机和八旋翼无人机等。

（1）四旋翼无人机 四旋翼无人机使用四组电动机和螺旋桨作为其驱动力，四个螺旋桨平均分布在以机架中心为圆心的大圆上，相邻两个机臂的夹角为90°，如图1-31所示。四旋翼无人机是最常用的无人机。

（2）六旋翼无人机 六旋翼无人机使用六组电动机和螺旋桨作为其驱动力，六个螺旋桨平均分布在以机架中心为圆心的大圆上，相邻两个机臂的夹角为60°，六个旋翼

图1-31 四旋翼无人机

两两相对分为三组，处于相同高度平面，各项参数完全相同，如图 1-32 所示。

（3）八旋翼无人机　八旋翼无人机使用八组电动机和螺旋桨作为其驱动力，八个螺旋桨平均分布在以机架中心为圆心的大圆上，相邻两个机臂的夹角为 45°，八个螺旋桨处于相同高度平面，各项参数完全相同，如图 1-33 所示。

图 1-32　六旋翼无人机　　　　　　　　　　图 1-33　八旋翼无人机

旋翼越多，稳定性越好，载重越大，但尺寸变大，耗电也越多。

旋翼数量较多的无人机对于动力系统失效的容忍程度也会上升。八旋翼无人机和六旋翼无人机都可以承受双发/单发失效的状况，并且无人机仍然可控。对于四旋翼无人机，只要单发失效，就能摔机。

由于多旋翼无人机操控简单，价格便宜，其数量占现有无人机总量的 80％以上。

3. 无人直升飞机

无人直升飞机是靠一个或者两个主旋翼提供升力。如果只有一个主旋翼，还必须要有一个小的尾翼抵消主旋翼产生的自旋力，如图 1-34 所示。无人直升飞机的优点是可以垂直起降，续航时间适中，载荷也比较适中；缺点是结构相对比较复杂，操控难度也较大。

4. 无人飞艇

无人飞艇是一种轻于空气的航空器，它与热气球最大的区别在于具有推进和控制飞行状态的装置，如图 1-35 所示。无人飞艇是一种理想的空中平台，可广泛应用于空中监视、巡逻、中继通信、空中广告飞行、任务搭载试验、电力架线等。

图 1-34　无人直升飞机　　　　　　　　　　图 1-35　无人飞艇

5. 伞翼无人机

伞翼无人机是一种用柔性伞翼代替刚性机翼的飞机，伞翼大部分为三角形，也有长方形的，如图 1-36 所示。伞翼可收叠存放，张开后利用迎面气流产生升力而升空，起飞和着陆滑跑距离短，只需百米左右的跑道，常用于运输、通信、侦察、勘探和科学考察等。

6. 扑翼无人机

扑翼无人机是从鸟类或者昆虫启发而来的，具有可变形的小型翼翅，如图 1-37 所示。它可以利用不稳定气流的空气动力学，以及利用肌肉一样的驱动器代替电动机。在战场上，微型无人机，特别是昆虫式无人机，不易引起敌人的注意。即使在和平时期，微型无人机也是探测核生化污染、搜寻灾难幸存者、监视犯罪团伙的得力工具。

图 1-36　伞翼无人机

图 1-37　扑翼无人机

综上所述，无人机多种多样，外形千变万化，其主要原因是因为不同的无人机要尽可能满足不同的需求，同时要尽量延长续航时间，增加实用载荷。

三、按用途划分

按用途划分，无人机可分为军用无人机和民用无人机，民用无人机又划分为工业级无人机和消费级无人机。

1. 军用无人机

军用无人机是为战争服务的高科技武器，各方面技术要求都很严格。军用无人机已经成为现代空中军事力量中的一员，具有无人员伤亡、使用限制少、隐蔽性好、效费比高等特点，在现代战争中的地位和作用日渐突出。军用无人机种类很多，如侦察无人机、诱饵无人机、电子对抗无人机、攻击无人机、战斗无人机等。如图 1-38 所示是某军用无人机。

2. 民用无人机

（1）工业级无人机　工业级无人机主要应用于各个行业代替人工作业。为了满足行业需要，工业级无人机要求有更长的续航能力、更远的飞行距离、更大的任务载荷、更可靠的安全保障等。如图 1-39 所示为某工业级无人机。

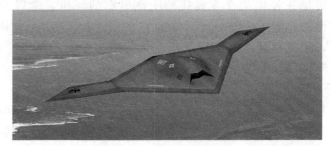

图 1-38   某军用无人机

（2）消费级无人机   消费级无人机是被大众最熟知的类型，也是增长最快的无人机。这类无人机一般是旋翼机，体积不大，续航能力、飞行距离非常有限，价位一般在几千元到几万元不等，主要用于娱乐和航拍。如图 1-40 所示是某消费级无人机。

图 1-39   某工业级无人机   图 1-40   某消费级无人机

四、按行业应用划分

按行业应用划分，无人机可以分为航拍无人机、农用无人机、航测无人机、巡线无人机、消防无人机、警用无人机等，越来越多的行业出现了无人机的身影，已经开始向"无人机＋"的时代迈进，详见第五章。

另外，还有按飞行高度划分的。飞行高度在 0～100m 的属于超低空无人机；飞行高度在 100～1000m 的属于低空无人机；飞行高度在 1000～7000m 的属于中空无人机；飞行高度在 7000～18000m 的属于高空无人机；飞行高度大于 18000m 的属于超高空无人机。

按质量划分时，质量小于几千克的属于微型无人机；质量小于 200kg 的属于小型无人机；质量为 200～500kg 的属于中型无人机；质量大于 500kg 的属于大型无人机。

按航程划分时，航程小于 50km 的属于近程无人机；航程为 50～200km 的属于短程无人机；航程为 200～800km 的属于中程无人机；航程大于 800km 的属于远程无人机。

民航局飞行标准司于 2016 年 7 月 11 日下发了新的《民用无人机驾驶员管理规定》咨询通告。该通告对民用无人机的分类做了调整，把民用无人机划分为 9 类，具体见表 1-1。

表 1-1　民用无人机分类

分类	空机质量 W_1/kg	起飞质量 W_2/kg
Ⅰ	$0 < W \leqslant 1.5$	
Ⅱ	$1.5 < W_1 \leqslant 4$	$1.5 < W_2 \leqslant 7$
Ⅲ	$4 < W_1 \leqslant 15$	$7 < W_2 \leqslant 25$
Ⅳ	$15 < W_1 \leqslant 116$	$25 < W_2 \leqslant 150$
Ⅴ	植保类无人机	
Ⅵ	无人飞艇	
Ⅶ	超视距的Ⅰ、Ⅱ类无人机	
Ⅷ	$116 < W_1 \leqslant 5700$	$150 < W_2 \leqslant 5700$
Ⅸ	$W > 5700$	

本书重点介绍市场上热销的多旋翼无人机。

第三节　无人机的特点

一、多旋翼无人机的优点

多旋翼无人机与固定机翼无人机、直升飞机相比具有以下优点。

（1）操控简单　多旋翼无人机不需要跑道便可以垂直起降，起飞后可在空中悬停。它的操控原理简单，通过遥控器遥杆操控可实现无人机前后、左右、上下和偏航方向的运动。在自动驾驶仪方面，多旋翼自驾仪控制方法简单，控制器参数调节也很简单。而固定机翼无人机和直升飞机的飞行较复杂。固定机翼无人机飞行场地要求开阔，而直升飞机飞行过程中会产生通道间耦合，自驾仪控制器设计困难，控制器调节也很困难。

（2）可靠性高　多旋翼无人机没有活动部件，它的可靠性基本上取决于无刷电动机的可靠性，因此可靠性较高。而且多旋翼无人机能够悬停，飞行范围受控，相对更安全。而固定机翼无人机和直升飞机有活动的机械连接部件，飞行过程中会产生磨损，导致可靠性下降。

（3）部件更换容易　多旋翼无人机结构简单，若电动机、电子调速器、电池、螺旋桨和机架损坏，很容易替换。而固定机翼无人机和直升飞机零件比较多，安装也需要技巧，相对比较麻烦。

二、多旋翼无人机的缺点

多旋翼无人机与固定机翼无人机、直升飞机相比具有以下缺点。

（1）续航能力差　目前多旋翼无人机主要采用锂电池，续航能力有限。

（2）承载质量小　目前多旋翼无人机一般承载质量在数千克以内。

随着电池能量密度的不断提升、材料的轻型化和机载设备的不断小型化，多旋翼无人机的优势将进一步凸显，应用范围将不断扩大。

第四节　无人机的发展历程及趋势

一、多旋翼无人机的发展历程

多旋翼无人机结构简单，维护成本低，近几年得到快速发展。现以航拍无人机为例，介绍多旋翼无人机的发展历程。根据多旋翼无人机核心技术的应用，可以把航拍多旋翼无人机的发展归纳为 4 代，如图 1-41 所示。

图 1-41　多旋翼无人机发展历程

1. 第 1 代多旋翼无人机

2009～2012 年，第 1 代多旋翼无人机以飞控系统为核心，外挂小型运动相机和模拟图像传输（简称图传），通过无线电遥控器操控飞机进行最初级的短距离飞行和视频录制，因此，第 1 代多旋翼无人机也称为近距离航拍无人机。在这期间，国内大疆公司推出了 Wookong-M 和 Naza-M 飞控系统，极飞科技推出了 SuperX 飞控系统，国外推出了 APM 开源飞控系统，如图 1-42 所示。这些飞控系统具备姿态增稳的飞行控制方式，通过 GPS 定位系统实现户外定位悬停和自主返航。

F450 四旋翼航拍无人机是第 1 代多旋翼无人机的典型代表，如图 1-43 所示。

飞控系统、外挂相机和模拟图传是第 1 代多旋翼无人机的典型特征。

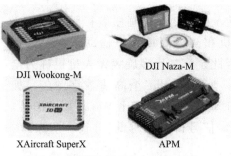

DJI Wookong-M

DJI Naza-M

XAircraft SuperX

APM

图 1-42　多旋翼无人机飞控系统

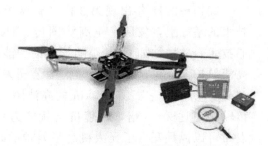

图 1-43　F450 四旋翼航拍无人机

2. 第 2 代多旋翼无人机

2012～2014 年，在以飞控系统为核心技术的基础上，采用无刷电动机驱动云台、高清广角相机和 Wi-Fi 数字图传这三大核心技术，开发了第 2 代多旋翼无人机，因此，第 2 代多旋翼无人机也称为远距离高画质航拍无人机。2012 年，大疆公司发布的全球首款三轴无刷电动机直驱禅思 Z15-5N 云台，如图 1-44 所示，它利用姿态解析和超高精度无刷电动机控制解决了舵机式云台响应慢、转动不平滑所导致拍摄的视频抖动以及水波纹问题，开启了多旋翼无人机真正意义上的航拍时代。2013～2014 年，消费类多旋翼无人机开始全面普及搭载无刷云台和相机，代表的云台是大疆公司的 Zenmuse H3-2D，如图 1-45 所示。

图 1-44　禅思 Z15-5N 云台

图 1-45　Zenmuse H3-2D 云台

2014 年，大疆公司推出了首款高清广角相机并和无刷云台集成的一体机方案 Phantom 2 Vision＋，同时采用 Wi-Fi 数字图传提供远距离和清晰的传输画质，如图 1-46 所示。无人机厂商自主研发高清相机并集成到云台成为发展趋势，以一体化为标准的第 2 代无人机设计理念逐步得到广泛认同。

无刷电动机驱动云台、高清广角相机、Wi-Fi 数字图传、一体化设计成为第 2 代多旋翼无人机的典型特征。

3. 第 3 代多旋翼无人机

2014～2015 年出现第 3 代多旋翼无人机，在第 2 代高画质航拍无人机核心技术的基础上，发展了全高清图传、4K 相机和初级视觉悬停辅助系统三大核心技术，并增加如 GPS 跟随等辅助功能，因此，第 3 代多旋翼无人机也称为全高清航拍无人机。2014 年，大疆公司发布了 Lightbridge 全高清数字图传，如图 1-47 所示。它实现了 3km 的高清图像实时传输功能，相比 Wi-Fi 数字图传，传输距离远 2～3 倍，环境抗干扰能力更强，信号传输延时低。Lightbridge 的发布可以说是开启了无人机高清航拍的时代。

图 1-46　一体化多旋翼无人机　　　　　图 1-47　Lightbridge 全高清数字图传

2014 年，Parrot 公司推出的 AR Drone 是首款具备超声波加光流传感器实现无 GPS 定位悬停功能的一体机，如图 1-48 所示。超声波加光流的视觉悬停辅助系统可实现室内飞行器精准的定位悬停，大大提高了飞行安全性。

图 1-48　无 GPS 定位悬停功能的一体机

大疆公司的 Inspire 1 是全球首款配备 4K 相机、集成 Lightbridge 高清图传的一体化设计航拍四旋翼无人机，同时配备超声波加光流的视觉悬停辅助系统，如图 1-49 所示。

消费类航拍无人机进入高清时代是从 2015 年大疆公司的 Phantom3 系列开始，配备视觉悬停辅助系统，提升飞行的安全性，无人机厂商也相继研发出 4K 超高清相机和视觉悬停辅助系统的一体机。

大疆公司的 Phantom3、3DR 公司的 SOLO、零度智控公司的 XIRO Ex-

图 1-49　Inspire 1 四旋翼无人机

plorer 等无人机纷纷加入 GPS 跟随功能，提升个人航拍的操控体验，如图 1-50 所示。

(a) Phantom3　　　　　　　　(b) SOLO　　　　　　　(c) XIRO Explorer

图 1-50　具备 GPS 跟随功能的多旋翼无人机

高清图传、初级视觉悬停辅助、自带 4K 高清相机是第 3 代多旋翼无人机的典型特征。

4. 第 4 代多旋翼无人机

2016 年，随着智能硬件技术的快速发展，以第 3 代全高清航拍无人机核心技术为基础，具备环境感知、视觉跟随、自主避障和精确视觉悬停辅助系统等核心技术的消费类航拍无人机进入第 4 代智能视觉航拍无人机时代。

前 3 代的消费类航拍无人机在拍摄方式上都是基于用户手动或者借助 GPS 进行半自动跟随飞行。2014 年，北美无人机公司推出"AirDog"无人机，主打功能是自动跟随拍摄，虽然依靠 GPS 的位置跟随效果并不理想，但也引申出第 4 代消费类航拍无人机所需技术：环境感知并识别周围的障碍物、跟随时自动绕飞、依靠非 GPS 跟随的方式追踪目标。

2016 年，大疆公司推出的 Phantom4 是全球首款第 4 代智能视觉无人机，如图 1-51 所示。其前视双摄像头具备障碍物感知功能，基于图像识别的视觉跟随能够实时自主避障。视觉悬停辅助的系统组成和处理性能进一步提升，由单一超声波和光流传感器扩展至双超声波加双光流传感器的系统，悬停精度、响应速度和环境抗干扰能力大大提升，降低了无 GPS 飞行时的安全风险。

图 1-51　智能视觉无人机

视觉精确悬停辅助、环境感知与避障、视觉跟随是第 4 代多旋翼无人机的典型特征。

二、无人机的发展现状

目前世界上有三十几个国家和地区研制了数百种型号的无人机，广泛应用到航拍、警力、城市管理、农业、地质、气象、电力、抢险救灾等多个行业。

2015 年，全球无人机大约销售 58.7 万架，其中军用无人机约占 3%，民用无人机约占 97%。民用无人机销量中，专业级无人机销量约 17.1 万架，消费级无人机销量约 39.9 万架，预计 2016 年民用无人机将保持 48% 左右的速率增长，达 84 万架。2015 年全球无人机销售额达 70 亿美元，同比增长 9.4%，预计 2016 年将达到 76.3 亿美元，2020 年将超过 100 亿美元。

2015 年世界民用无人机企业排行榜见表 1-2。

表 1-2　2015 年世界民用无人机企业排行榜

序号	公司名称	所在国家或城市
1	大疆公司	中国深圳
2	GoPro 公司	美国
3	3D Robotics 公司	美国
4	Parrot 公司	法国
5	零度智控公司	中国北京
6	AscTec 公司	德国
7	Xaircaft 公司	中国广州
8	Microdrones 公司	德国
9	PowerVision 公司	中国北京
10	北京航空航天大学研究所	中国北京
11	AerViroment 公司	美国
12	亿航智能技术公司	中国广州
13	普洛特无人飞行器科技公司	中国北京
14	中科遥感信息技术公司	中国北京
15	智能鸟无人机公司	中国武汉
16	爱生技术集团公司	中国西安
17	Draganfly 公司	加拿大

续表

序号	公司名称	所在国家或城市
18	Flying-Cam 公司	比利时
19	SenseFLY 公司	瑞士
20	Deltadrones 公司	法国

根据前瞻产业研究院发布的《2015～2020 年中国无人机行业市场需求预测与投资战略规划分析报告》，目前，我国从事无人机行业的单位有 300 多家，其中规模比较大的企业有 160 家左右，形成了配套齐全的研发、制造、销售和服务体系。目前在研和在用的无人机型多达上百种，小型无人机技术逐步成熟，战略无人机已试飞，攻击无人机也已多次成功试射空地导弹。

2010 年之前，我国民用无人机市场规模小，增长缓慢，主要用于灾害救援、地图测绘等专业级市场。最开始的消费级无人机主要受众是航模爱好者和 DIY（do it yourself，自己动手做）发烧友。2014 年国内民用无人机产品销售规模为 15 亿元人民币，2015 年约为 23.3 亿元人民币。未来 5 年，将保持 60% 左右的复合增长率，到 2018 年市场规模将超过 80 亿元人民币。

三、多旋翼无人机的发展趋势

未来多旋翼无人机的发展趋势是智能化，并向高空、高速、长航程、高载荷、能源多样化等方向发展。

（1）高速旋翼无人机　速度一直是衡量无人机性能的指标，但也是旋翼式无人机的固有弱点。通过各种旋翼技术提高旋翼式无人机航速，是未来高速旋翼无人机的发展方向之一。

（2）大型旋翼无人机　目前旋翼无人机多是中小型无人机，承载小，而很多任务需要载荷更大、滞空时间更长、航程更远的无人机来完成。长航时、高航程无人机可在侦察、通信中继、边境巡逻等军民用任务方面发挥更大的作用。很多国家都开始了大型无人直升飞机的研究和开发，并有了一定的进展。而随着飞行控制算法的改进，无线通信技术的发展以及动力系统的提升，可以飞行数十小时、上千千米，搭载大重量载荷的旋翼无人机将会逐渐出现。

（3）微型旋翼无人机　微型旋翼无人机通常指基准尺寸（长度和翼展）小于 15cm 的无人机，这种无人机很难用雷达或红外传感器探测到，而且飞行噪声小。微型无人机在携带、执行情报、监视、侦察和电子战等任务方面拥有极大的优势，而且机型的缩小也带来了机动能力和战场生存能力的提高。随着纳米技术、微型传感器技术、微电波技术的发展，微型无人机将越来越小。

（4）多用途高智能化旋翼无人机　目前的旋翼式无人机缺少应对突发情况

的能力，只能执行预定的任务和接受地面站的控制，功能单一，智能化程度低。因此，随着电子技术、信息技术、控制技术的飞速发展，旋翼无人机需要能根据飞行控制算法自主判断当前状态，快速进行危机决断，选择飞行动作。目前的无人机多是单架执行单一任务，很难满足日益增长的任务需要，所以，旋翼无人机还需要可以搭载功能更多更全的电子设备，实现旋翼无人机的多用途化以及多机集群的任务协作。在未来信息化社会的大背景下，高智能化的旋翼无人机将逐步走入人们的生活。

第五节 无人机的关键技术

随着无人机向智能化方向发展，涉及的关键技术主要有飞控系统、导航系统、动力源和遥控系统。

一、飞控系统

飞控系统是无人机完成起飞、空中飞行、执行任务和返场回收等整个飞行过程的核心系统，飞控系统对于无人机相当于驾驶员对于有人机的作用，是无人机最核心的技术之一。飞控系统一般包括传感器、机载计算机和伺服作动设备三大部分，实现的功能主要有无人机姿态稳定和控制、无人机任务设备管理和应急控制三大类。其中，机身大量装配的各种传感器（包括角速率、姿态、位置、加速度、高度和空速等）是飞控系统的基础，是保证飞机控制精度的关键，在不同飞行环境下，不同用途的无人机对传感器的配置要求也不同。军用无人机对传感器配置要求非常高，未来对无人机态势感知、战场上识别敌我、防区外交战能力等方面的需求，要求无人机传感器具有更高的探测精度、更高的分辨率，因此国外军用无人机传感器中大量应用了超光谱成像、合成孔径雷达、超高频穿透等新技术。相对于军用无人机，民用无人机对传感器配置要求较低。消费类无人机的飞控系统很多是开源的，供用户开发新的各种用途。

二、导航系统

导航系统向无人机提供参考坐标系的位置、速度、飞行姿态，引导无人机按照指定航线飞行，相当于有人机系统中的领航员。无人机导航系统主要分为非自主（GPS等）和自主（惯性制导）两种，但分别有易受干扰和误差积累增大的缺点，而未来无人机的发展要求障碍回避、物资或武器投放、自动进场着陆等功能，需要高精度、高可靠性、高抗干扰性能，因此多种导航技术结合的"惯性＋多传感器＋GPS＋光电导航系统"将是未来发展的方向。

避障技术是导航系统的关键技术之一，目前避障技术主要有深度相机避障技术、声呐系统避障技术、"视觉＋忆阻器"避障技术、双目视觉避障技术、微小型雷达避障技术等。

（1）深度相机避障技术　深度相机避障技术的原理是先对场景投影结构光，然后分析红外传感器接收的反光得到深度信息。2014 年，英特尔推出 RealSense 传感器，其体积小，使用距离短。在 2015 年美国消费电子展览会上，英特尔把 RealSense 技术应用到了无人机上，以用于感知周围环境，进而自主避障。

（2）声呐系统避障技术　Panoptes 公司推出的 Bumper4 避障系统由指向多个方向的超声波传感器组成，通过测量多个方向的距离来判断障碍。

（3）"视觉＋忆阻器"避障技术　美国 Bio Inspired 公司期望利用视觉和忆阻器（具有短期记忆效果的电阻器）使系统具备识别和短期记忆功能，从而使无人机拥有避障的能力。

（4）双目视觉避障技术　美国 Skydio 公司采用两个普通的摄像头充当无人机的"眼睛"，并研发出识别障碍软件，从而使无人机具备识别障碍的能力，进而实现自主导航。

（5）微小型雷达避障技术　Echodyne 公司利用一台四轴无人机展示了它的小型电子扫描雷达，它可追踪地面上的某个人，或是在飞行中躲避障碍物。

无人机通常利用被跟踪者身上放置的 GPS 装置进行定位和跟踪。这种方式会在某种程度上影响用户体验。除此之外，在没有 GPS 信号的情况下，该方式就会失效。而且，对于非自愿携带 GPS 设备的用户，该方式也是行不通的。

新的技术完全可以从视觉和雷达角度出发。视觉跟踪技术方面，3D Robotics 公司推出开源飞控应用——Tower，它能够使无人机跟随用户，并将用户保持在摄像头中心。OpenCV 开源软件也同样有很多跟踪算法供无人机开发。此外，采用小型电子扫描雷达也能够实现新式的跟踪模式。

三、动力源

不同用途的无人机对动力源有不同的要求，但都希望动力源体积小，重量轻，保障无人机续航里程长。对于消费级多旋翼无人机，目前一般使用的是锂电池，但锂电池续航里程短。燃料电池、石墨烯电池等新型电池技术有望在无人机上应用。

四、遥控系统

对于消费级多旋翼无人机，目前遥控系统主要采用遥控器。随着控制技术的发展，一些新型遥控技术用于控制无人机，如手势控制技术、脑机接口控制技术。

（1）手势控制技术　在 2014 年国际消费类电子产品展览会上，工作人员演示了利用手势控制臂带来控制四旋翼无人机。用户只要将臂带戴在其中一只手上，并以两只手指击响便可启动并控制该无人机。智能手机、手环、手表、戒指等内置惯性传感器的设备也可以识别操控者的手势，用于控制无人机的飞行。

（2）脑机接口控制技术　脑机接口是指在人脑与计算机等外部设备之间建立直接的连接通路。通过对脑电信号的分析解读，将其进一步转化为相应的动作，就像是在用"意念"操控物体。多家机构对该技术也展开了研究。美国布朗大学与犹他州 Blackrock Microsystems 公司的研究员将此无线装置商业化，他们将其黏附在人类头骨上，并通过无线电波发送由人脑植入设备收集的意识命令；Emotiv 公司的 EPOC 可以检测 8 种行为现象，识别出 7 种表情，从而使残障人士具备控制无人机的能力。

第二章

多旋翼无人机的主要部件

第一节 多旋翼无人机的组成

随着无人机技术的发展，多旋翼无人机的结构形式呈现多样化，其用途也不断扩大。无人机的结构与其用途、功能密切相关。如航拍无人机和植保无人机，其机载设备完全不同，结构形式也有差别。即使是航拍无人机，配置也不相同，有的配图传设备，有的不配图传设备；有的有自动导航功能，有的没有自动导航功能。

用于航拍的多旋翼无人机一般由动力系统、飞控系统、机身系统、机载设备、图传设备和遥控器等组成，如图 2-1 所示。

图 2-1　多旋翼无人机组成

一、动力系统

动力系统的主要作用是为无人机的飞行提供动力，由电动机、电子调速器、螺旋桨和电池等组成。

（1）电动机　多旋翼无人机用的电动机主要以无刷直流电动机为主，将电能转换成机械能。无刷直流电动机运转时靠电子电路换相，这样就极大减少了电火花对遥控无线设备的干扰，也减小了噪声。它一头固定在机架力臂的电动机座上，一头固定螺旋桨，通过旋转产生推力。不同大小、负载的机架需要配合不同规格、功率的电动机。

（2）电子调速器　电子调速器简称电调，其作用就是将多旋翼无人机飞控系统的控制信号快速转变为电枢电压和电流，以控制电动机的转速。因为电动机的电流是很大的，如果没有电调的存在，单靠电池供电是无法给无刷直流电动机供电的，同时飞控板又没有这么大的放电功率，所以电调对电动机而言是至关重要的驱动电路。电调的另一个作用是为机载其他电子设备提供稳压电源，还有一些其他辅助功能，如电池保护、启动保护、刹车等。电调都会标上多少安培（A），如30A、50A。这是电调最大允许通过的电流大小，超过该电流值，电调会被损坏。同时，电调具有相应内阻，其发热功率需要注意。有些电调电流可以达到几十安培，发热功率是电流平方的函数，所以电调的散热性能也十分重要，因此大规格电调的内阻一般都比较小。

（3）螺旋桨　螺旋桨是直接产生推力的部件，同样是以追求效率为第一目的。匹配的电动机、电调和螺旋桨搭配，可以在相同的推力下耗用更少的电量，这样就能延长多旋翼无人机的续航时间。因此，选择最优的螺旋桨是提高续航时间的一条捷径。螺旋桨是有正反两种方向的，因为电动机驱动螺旋桨转动时，本身会产生一个反扭力，会导致机架反向旋转。而通过一个电动机正向旋转，一个电动机反向旋转，可以互相抵消这种反扭力，相对应的螺旋桨的方向也就相反了。

（4）电池　电池是多旋翼无人机能量的来源，直接关系到无人机的悬停时间、最大负载重量和飞行距离等重要的指标。目前多旋翼无人机用的电池主要是锂聚合物电池，未来燃料电池等新型电池将应用在无人机上。

二、飞控系统

飞控系统是指能够稳定无人机的飞行姿态，并能控制无人机自主或半自主飞行的系统，是无人机的"大脑"。它包括硬件部分和软件部分，硬件部分包括陀螺仪、加速度传感器、GPS模块、电路控制板等；软件部分包括控制算法、程序等。无人机性能的优劣主要取决于飞控系统，也是无人机的核心技术。市场上有多种飞控系统供选择，多数飞控系统属于开源系统，可以进行二次开发。

（1）陀螺仪　理论上陀螺仪只测试旋转角速度，但实际上所有的陀螺仪都对加速度敏感，而重力加速度在地球上又是无处不在的，并且实际应用中，很难保证陀螺仪不受冲击和振动产生的加速度的影响，所以在实际应用中陀螺仪对加速度的敏感程度就显得非常重要，因为振动敏感度是最大的误差源。两轴陀螺仪能起到增稳作用，三轴陀螺仪能够自稳。

（2）加速度传感器 一般为三轴加速度传感器，测量三轴加速度和重力。

（3）GPS模块 测量无人机当前的经纬度、高度、航迹方向等信息。一般在GPS模块中还会包含磁罗盘，用于测量无人机当前的航向。

三、机身系统

机身系统包括机架和起落架等。

（1）机架 机架是多旋翼无人机的主体，很多设备安装在机架上。根据机臂个数不同分为三旋翼、四旋翼、六旋翼、八旋翼、十六旋翼、十八旋翼，也有四轴八旋翼等，其结构不同，叫法也不同。机架有多种材料可以选择，如工程塑料、碳纤维等。

（2）起落架 起落架是无人机唯一和地面接触的部位，作为整个机身在起飞和降落时的缓冲。为了保护机载设备，要求起落架强度高，结构牢固，和机身保持相当可靠的连接，能够承受一定的冲力。一般在起落架前后涂上不同的颜色，用来在远距离操控无人机飞行时区分其前后。

四、机载设备

多旋翼无人机根据任务不同，可以搭载不同设备进行工作，如航拍相机、测绘激光雷达、农药喷洒设备、激光测距仪器、红外相机、救生设备等。对于航拍无人机，其机载设备主要有云台和成像系统。

（1）云台 常用的有二轴云台和三轴云台。云台作为相机或摄像机的增稳设备，提供两个方向或三个方向的稳定控制。云台可以和控制电动机集成在一个遥控器中，也可以用单独的遥控器控制。

（2）成像系统 成像系统有各种相机或摄像机等。

五、图传设备

图传设备指的是视频传输装置，作用是将无人机在空中拍摄的画面实时稳定地发射给地面图传遥控接收显示端上，供操控者观看。无人机图像传输距离的远近、图像传输质量的好坏、图像传输的稳定性等是衡量图传设备性能的关键因素。同时图像传输系统的性能是区分无人机档次的一个关键因素。

六、遥控器

遥控器用于对无人机的实时操控，可以实时监控无人机的各项状态指标，一般按照通道数将遥控器分成6通道、7通道、8通道、9通道和12通道等。

第二节 多旋翼无人机的布置形式

多旋翼无人机主要有四旋翼无人机、六旋翼无人机和八旋翼无人机，它们的布置形式主要有 X 字形和十字形，如图 2-2～图 2-4 所示，图中 M1～M8 代表电动机，旋转箭头表示电动机旋转方向，机架中心箭头表示飞行方向。

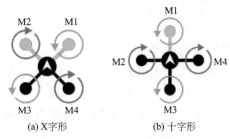

(a) X字形　　(b) 十字形

图 2-2 四旋翼无人机布置形式

(a) X字形　　(b) 十字形　　(c) Y字共轴双桨形

图 2-3 六旋翼无人机布置形式

(a) X字形　　(b) 十字形　　(c) X字共轴双桨形

图 2-4 八旋翼无人机布置形式

第三节 多旋翼无人机用电动机

电动机是多旋翼无人机的主要动力源，同时与无人机的飞行姿态密切相关。多旋翼无人机一般采用直流电动机，如图 2-5 所示。电动机转速快慢决定

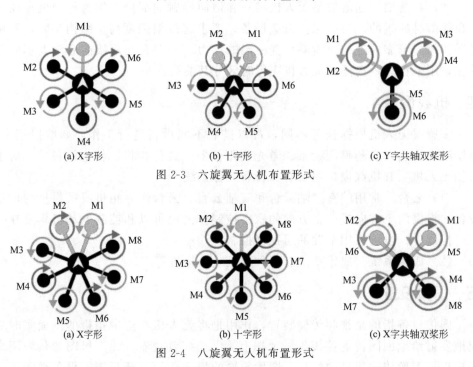

了无人机可以承载的重量，同时，其转速改变
的快慢也影响无人机姿态的变换。

一、直流电动机的分类

直流电动机有多种分类方法，可以根据换
相方式、换相方法和转子类型等分类。

图 2-5　无人机用电动机

1. 根据换相方式分类

根据直流电动机换相方式的不同，将直流
电动机分为有刷直流电动机和无刷直流电动机。

（1）有刷直流电动机　传统的直流电动机
采用机械结构进行换相，这种直流电动机称为有刷直流电动机。有刷直流电动
机存在机械摩擦、换向火花、电磁噪声、制造成本高、维修困难等缺点，很大
程度上限制了直流电动机的应用和发展范围。

（2）无刷直流电动机　无刷直流电动机采用电子换相，弥补了有刷直流电
动机的缺点，目前无人机主要采用无刷直流电动机。

2. 根据换相方法分类

根据无刷直流电动机换相方法，无刷直流电动机可以分为有感无刷直流电
动机和无感无刷直流电动机。

（1）有感无刷直流电动机　有感是指利用霍尔效应来测量转子位置的
方法。置于磁场中的载流导体，如果电流方向与磁场方向垂直，则在垂直
于电流和磁场的方向上产生一个附加的电场，这种效应称为霍尔效应。霍
尔测量器件以霍尔效应为工作基础，可以检测磁场及其变化情况。由于电
动机旋转时转子不同位置下磁场的分布情况不同，因此可以利用霍尔测量
器件检测转子位置。

（2）无感无刷直流电动机　无感无刷直流电动机是指电动机不需要专门的
传感器，而通过控制部分特殊的电子电路设计来完成检测电动机转子位置及确
定换相时间，目前技术最成熟的检测方法是反电动势过零检测法。

有感无刷直流电动机在多旋翼无人机上应用会受到一定的限制，主要原因
在于：位置传感器使得电动机系统体积增大；电动机与控制系统间的连接导线
增多，使得系统容易受外界干扰影响；受温度、湿度影响大，在高温、高压等
工况下灵敏度差，可靠性降低；安装精度要求较高，机械安装偏差会引起换相
不准确。因此，多旋翼无人机使用的电动机多为无感无刷直流电动机。

3. 根据转子类型分类

直流电动机根据转子类型可分为内转子直流电动机和外转子直流电动机。

（1）内转子直流电动机　内转子直流电动机是指转动部分在定子线圈内
部，即转动部分是转子线圈，固定部分是磁极，转动惯量集中在内部转子上，

转速较高，如图 2-6 所示。

（2）外转子直流电动机　外转子直流电动机是指转动部分在定子线圈外部，即转动部分是磁极，固定部分是线圈，转动惯量集中在外壳上，而且外转子直流电动机的转动惯量比内转子直流电动机的转动惯量要大很多，因此其转速也相对较低，代表最大转速的参数 KV 值一般也只在几百到几千之间，如图 2-7 所示。外转子直流电动机具有绕线匝数多、能量密度高、输出转速低、转矩大等特点。外转子直流电动机用在多旋翼无人机上时，可以直接驱动螺旋桨，而不会像内转子电动机那样需要机械减速单元，省去了齿轮减速部分，有效地避免了复杂的机械结构，提高了安全性和可靠性。因此，多旋翼无人机使用的电动机属于无感无刷外转子直流电动机。

图 2-6　内转子直流电动机　　　　图 2-7　外转子直流电动机

二、直流无刷电动机的特点

多旋翼无人机用直流无刷电动机具有以下特点。

① 具有传统直流电动机的所有优点，同时又取消了碳刷、滑环结构。

② 转矩特性优异，启动转矩大，启动电流小。

③ 可以进行无级调速，调速范围宽，过载能力强。

④ 体积小，重量轻，输出转矩大。

⑤ 制动特性好，可省去原有的机械制动或电磁制动装置。

⑥ 电动机本身没有励磁损耗和碳刷损耗，消除了多级减速损耗，效率高，可靠性高，稳定性好，适应性强，保养和维修方便。

⑦ 耐振动，噪声低，运转平滑，寿命长。

三、直流无刷电动机的工作原理

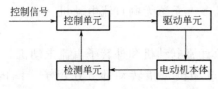

图 2-8　直流无刷电动机的工作原理

直流无刷电动机由电动机本体、控制单元、驱动单元和检测单元组成，其工作原理如图 2-8 所示。

直流无刷电动机运行过程主要包括启动、换相、调速等，其中换相过程是直流电源通过控制电路向电动机定子绕组供电，电子电路或位置传感器随时检测转子所处的位置，并根据转子的位置信号来控制功率开关管的导通和截止，自动地控制哪些绕组通电，哪些绕组断电，从而实现电子换相过程。另外，电动机的调速也是由控制电路功率开关管的导通时间决定的。

1. 直流无刷电动机导通方式

对于三相星形连接的直流无刷电动机，一般采用三相桥电路对其进行控制，三相桥电路与三相星形连接的直流无刷电动机连接图如图 2-9 所示。根据三相桥电路导通方式的不同，可以分为 120°两两导通和 180°三三导通两种方式。

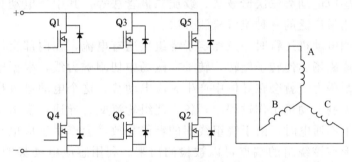

图 2-9　三相桥电路与三相星形连接的直流无刷电动机连接图

（1）两两导通方式　两两导通方式是指任意时刻，三相桥电路均有两个功率开关管导通，每隔 60°电角度换相一次，每次换相时改变一个功率开关管的导通状态，每个功率开关管导通 120°电角度，按照 Q1Q2、Q3Q2、Q3Q4、Q5Q4、Q5Q6、Q1Q6 的顺序导通。

（2）三三导通方式　三三导通方式是指任意时刻，三相桥电路均有三个功率开关管导通，每隔 60°电角度换相一次，每次换相时改变一个功率开关管的导通状态，每个功率开关管导通 180°电角度，按照 Q1Q2Q3、Q2Q3Q4、Q3Q4Q5、Q4Q5Q6、Q5Q6Q1、Q6Q1Q2 的顺序导通。

三三导通方式较两两导通方式在任意时刻增加了对一个功率开关管的控制，增大了控制难度，同时降低了控制的安全性和可靠性；另外，两两导通方式很好地利用方波气隙磁场的平顶部分，使得电动机的输出转矩大，电磁转矩比三三导通方式更大，且转矩平稳性好。

2. 直流无刷电动机换相原理

直流无刷电动机的运行需要通过转子位置信息获取换相的最佳时间，通常在电流和反相电动势同相达到最佳控制和最大转矩，以这种方式换相，换相时间由转子位置决定。因为反电动势的形状可以显示出转子的位置，所以根据电动势就可以决定换相时刻。目前普遍使用的获取转子位置信息的方式有两种：一种是利用转子位置传感器直接检测转子位置信号，然后向功率驱动电路提供合适的换相信号；另一种是通过间接的方法获取转子位置信号，称为无位置传感器控制。

无位置传感器驱动在硬件设计上省略了位置传感器的安装，这样可使整套系统更为轻便，结构更简单。电动机启动时的性能较差，但是达到一定转速后就容易控制，而且电动机的换相过程只与转子的位置信息有关，与转子的速度无关。因此，换相问题的核心和关键就是设计一个转子位置信号检测电路，从硬件和软件两个方面来获得可靠的转子位置信号，然后导通相应的功率驱动开关，从而驱动电动机旋转。在多旋翼无人机中，为了电路的简单及减少无人机的重量，一般采用无位置传感器控制。有很多可靠的位置信号检测方法，如反电动势法、感应电动势三次谐波法、续流二极管法等，其中反电动势法是目前最成熟和应用最广泛的一种位置检测方法。

直流无刷电动机运行时，三相定子绕组里通有电流，在内部会产生一个磁场，三个合成磁场驱使转子旋转，转子在磁场中切割磁力线，根据电磁感应定律，导体切割磁力线就会在导体中产生感应电动势，这个电动势就称为反电动势。在直流无刷电动机工作过程中，各相绕组轮流交替导通，绕组表现为断续通电。在绕组不通电时，由于绕组线圈的蓄能释放，会产生感应电动势，该感应电动势波形在该绕组的端点可以被检测出来。利用感应电动势的这些特点，可以取代转子上的位置传感器功能，得到需要换相的信息。这种技术有两个优点：第一，从理论上讲，星形连接方式和三角形连接方式的电动机都可以使用这种技术，使用范围比较广；第二，使用这一技术不需要清楚地了解电动机的特性，既可以通过电流控制，也可以通过电压控制。反电动势检测主要有三种方法，即过零点法、反电动势积分法、锁相环法，其中过零点法最为成熟。

反电动势检测原理如图 2-10 所示。在图 2-10(a) 中，A、B 相开始导通，转子逆时针旋转，此时 C 相虽然没有通电，但是 C 和 C′导线分别切割 N 极和 S 极磁力线，根据右手法则，会在 C 相上产生感应电动势。因为转子不同位置的磁感应强度是不同的，所以 C 相上产生的感应电动势的大小也在随着转子的转动而变化。当转子旋转 60° 到达图 2-10(b) 位置时，A、C 相即将导通，而此时在 C 相上产生的感应电动势也由 A、B 相刚导通时的正值转为 A、C 即将导通时的负值。在整个 A、B 相导通的过程中，C 相上的感应电动势发生了由正到负的变化。其中过零点发生在 A、B 相导通后电动机旋转 30° 的时刻，即当检测到 C 相上的感应电动势为零的时候，再过 30° 即为换相到 A、C 相导通的时刻。

在电动机旋转的时候，不仅在 C 相上产生感应电动势，在 A、B 两相上同样会产生与电源 12V 方向相反的反电动势，否则 12V 电源加在自身电阻很小的线圈上时，会产生很大的电流而烧毁电动机。由于在转子旋转的过程中，A、B 两相的线圈切割磁力线区域的磁感应强度是恒定的，故它们产生的感应电动势也是恒定的；而 C 相由于其线圈切割磁力线区域的磁感应强度是由正到负变化

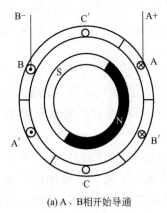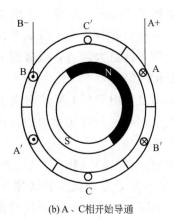

(a) A、B相开始导通　　　　　　　　　　(b) A、C相开始导通

图 2-10　反电动势检测原理

的，所以产生的感应电动势也是由正到负变化的。

3. 直流无刷电动机调速原理

直流无刷电动机的运转速度和电动机所加直流电源电压值的大小有关，但实际应用过程中，并不是通过调节直流电源电压来进行调速的。一般情况下，会采用调节图 2-9 中三相全桥驱动电路中上桥臂或者下桥臂功率开关管导通信号的占空比，以改变直流电源加在电动机上的直流电压，进而实现对速度的控制。

多旋翼无人机采用的是无线控制方式，所以对电动机的调速也需要采用无线通信的方式来调节功率开关管导通信号的占空比。通常情况下，有三种通信方式，即 PPM 信号、TWI 总线和串口信号。PPM 信号是遥控模型中比较通用的信号格式，在多旋翼无人机电动机控制板中需要安装 PPM 信号的接收装置，通过它检测收到信号的占空比来获取指令。当改变发出 PPM 信号的占空比时，电动机的转速也就随之改变。发出的 PPM 信号的频率也是很关键的因素，因为真正起到调节电动机速度的是信号的脉宽，也就是导通时间。

四、直流无刷电动机的指标参数

多旋翼无人机用直流无刷电动机主要指标参数有电动机型号、KV 值、效率和磁极数等。

1. 电动机型号

每个电动机厂家都有自己的编号规则。不管什么牌子的电动机，电动机型号中都有 4 位数字，其中前面 2 位是电动机转子的直径，后面 2 位是电动机转子的高度。

例如，型号为 2212 的电动机，表示电动机转子直径是 22mm，电动机转子高度是 12mm；型号为 2018 的电动机，表示电动机转子直径是 20mm，电动机转子高度是 18mm。注意，这里指的不是外壳尺寸。简单来说，前面 2 位数字越大，电动机直径越大；后面 2 位数字越大，电动机高度越高。又高又大的电动机，功率就更大，适合做载荷大的多旋翼无人机动力。

2. KV 值

无刷直流电动机 KV 值定义为转速除以电压，意思为输入电压增加 1V，无刷直流电动机空转转速增加的转速值。无刷电动机一旦做好，其 KV 值是固定的，不能改变。

例如，1000kV 的电动机，外加 1V 电压，电动机空转转速为 1000r/min；外加 2V 电压，电动机空转转速为 2000r/min。单从 KV 值，不能评价电动机的好坏，不同 KV 值，配不同尺寸的螺旋桨。绕线匝数多的，KV 值低，最高输出电流小，但转矩大，配大尺寸的螺旋桨；绕线匝数少的，KV 值高，最高输出电流大，但转矩小，配小尺寸的螺旋桨。

3. 效率

效率的标注单位是 g/W。电动机的功率和推力并不是成正比的，也就是说 50W 的时候为 450g 推力，100W 的时候就不是 900g 推力了，可能只有 700g 推力。具体效率要看电动机的效率表。无人机正常飞行时，效率保持在合理的范围内，能够很好地保证续航能力。

4. 磁极数

磁极数就是磁极数量。磁极数量越多，转速越低，转矩越大；磁极数量越少，转速越高，转矩越小。

例如，在同等电压、同等功率情况下，2 极电动机比 4 极电动机的转速快 1 倍，但是转矩方面，4 极电动机却比 2 极电动机大 1 倍。所以磁极数多、KV 值低的电动机适合用大螺旋桨，KV 值越高，螺旋桨越小。

五、电动机的选择

多旋翼无人机常用的电动机品牌有朗宇、新西达、亚拓、蝎子、浩马特、花牌、银燕等，各品牌电动机型号和参数是有差异的，在选择时要综合考虑。表 2-1 是某企业生产的无人机电动机型号与参数。

表 2-1　某企业生产的无人机电动机型号与参数

型号	适用锂电节数	KV 值	螺旋桨	转速/(r/min)	最大电流/A	推力/g	质量/g
2203	2S	1560	8043	6500	6.8	310	15.6
2205	2S	1660	8043	15140	8	350	23
2210	2S	1780	8040	11200	13	600	55
2212	3S	905	1047	7450	12	1000	70
2218	3S	930	1147	7000	17	1120	80

续表

型号	适用锂电节数	KV 值	螺旋桨	转速/(r/min)	最大电流/A	推力/g	质量/g
2812	3S	970	1155	7940	21	1200	105
2815	3S	1100	1155	9400	36	1800	120
2820	4S	850	1260	8700	41	2300	140
2826	4S	710	1470	7600	51	2500	175
3520	4S	925	1260	9800	65	3100	220
3526	5S	710	1370	9580	57	3500	265
4020	6S	470	1610	6820	65	5100	280
4030	6S	420	1680	8100	60	5400	380
5325	8S	260	2010	6300	80	7000	570
5345	10S	170	2412	6380	78	10000	850
5345	12S	170	2410	6500	80	13000	850

选择电动机时应考虑以下因素。

① 考虑品牌因素，不同品牌的电动机，性能是有差异的。在选电动机之前，应比较各品牌电动机的性能参数和性价比，选择最合适的电动机。不要选择没有参数表的电动机。

② 考虑无人机的运动和抗风，电动机的最大总推力应是起飞重量的 1.5 倍以上。

第四节　多旋翼无人机用电调

电调是控制电动机转速的调速器，必须与电动机相匹配。有刷电动机配有刷电调，无刷电动机配无刷电调。无人机用电调如图 2-11 所示。无刷电调输入端是 2 根线，接到电源正负极；输出端是 3 根线，接电动机的 3 个极上；另外 3 根细线为信号线，插在飞控板上。

图 2-11　无人机用电调

一、电调的作用

无人机用电调具有以下作用。

① 电调最基本的功能就是通过飞控板给定 PWM 信号进行电动机调速。

② 电调为遥控接收器上其他通道的舵机供电。

③ 电调为飞控板供电。

④ 充当换相器的角色，因为无刷电动机没有电刷进行换相（直流电源转化为三相电源供给无刷电动机，并对无刷电动机起调速作用），所以需要靠电调进行电子换相。

⑤ 电调还有一些其他辅助功能，如电池保护、启动保护、刹车等。

二、电调的指标参数

多旋翼无人机电调参数主要有电流、内阻、刷新频率，同时需要有可编程特性和较好的兼容性。

1. 电流

无刷电调最主要的参数是电调的电流，单位为安培（A），如 10A、20A、30A。不同电动机需要配备不同电流的电调，电流不足会导致电调甚至电动机烧坏。

无刷电调有持续电流和 xs 内瞬时电流两个重要参数，前者表示正常时的电流，后者表示 xs 内容忍的最大电流。

选择电调型号时一定要注意电调最大电流的大小是否满足要求，是否留有足够的安全裕度容量，以避免电调上面的功率管烧坏。

2. 内阻

电调具有相应内阻，其发热功率需要得到注意。有些电调电流可以达到几十安培，发热功率是电流平方的函数，所以电调的散热性能也十分重要，因此大规格电调内阻一般都比较小。

3. 刷新频率

电动机的响应速度与电调的刷新频率有很大关系。在多旋翼无人机开始发展之前，电调多为航模飞机而设计，航模飞机上的舵机由于结构复杂，工作频率最大为 50Hz。相应地，电调的刷新频率也都为 50Hz。多旋翼无人机不使用舵机，而是由电调直接驱动，其响应速度远超舵机。目前，高速电调可支持高达 500Hz 的刷新频率。

4. 可编程特性

通过内部参数设置，可以达到最佳的电调性能。通常有三种方式可对电调参数进行设置：通过编程卡直接设置电调参数；通过 USB 连接，用计算机软件设置电调参数；通过接收器，用遥控器摇杆设置电调参数。设置的参数包括电池低压断电电压设定、电流限定设定、刹车模式设定、油门控制模式设定、切换时序设定、断电模式设定、启动模式设定以及 PWM 模式设定等。

5. 兼容性

如果电动机和电调兼容性不好，就会发生堵转现象，即电动机不能转动，所以要求电调兼容性要好。

三、电调驱动

电调驱动包括方波驱动和正弦波驱动。

（1）方波驱动　方波是数字信号，控制元件工作在开关状态，具有电路简单、容易控制、发热少等优点。

（2）正弦波驱动　正弦波属于模拟信号，模拟信号控制相当复杂，而且控制元件工作在放大状态，发热严重。但正弦波驱动在运行平衡性、调速范围和减少噪声、振动等方面要好得多。

四、电调的选择

电调的品牌主要包括好盈、花牌、凤凰、中特威、银燕等。

表 2-2 是某企业生产的电调型号及其参数，这些电调都具有可编程特性。

表 2-2　某企业生产的电调型号及其参数

型号	持续工作电流/A	瞬时电流/A	适用锂电节数	长×宽×高/mm	质量/g	线性
ESC-3A	3	4	1	11×13×4	0.7	N/A
ESC-7A	7	9	1～2	22×12×5	5	1A/5V
ESC-12A	12	15	1～3	22×17×7	8	1A/5V
ESC-20A	20	25	2～3	55×28×7	28	2A/5V
ESC-25A	25	30	2～4	50×28×12	31	2A/5V
ESC-30A-Ⅰ	30	40	2～4	50×28×12	34	2A/5V
ESC-30A-Ⅱ	30	40	2～4	59×28×12	36	3A/5V
ESC-35A	35	45	2～4	59×28×12	38	3A/5V
ESC-35A-UBEC	35	45	2～4	59×28×12	38	开关模式
ESC-40A	40	50	2～5	58×28×11	35	3A/5V

续表

型号	持续工作电流/A	瞬时电流/A	适用锂电节数	长×宽×高/mm	质量/g	线性
ESC-40A-UBEC	40	50	2～5	58×28×11	35	开关模式
ESC-45A	45	55	2～5	58×28×11	35	3A/5V
ESC-45A-UBEC	45	55	2～5	58×28×11	35	开关模式
ESC-50A	50	65	2～5	58×28×15	44	3A/5V
ESC-50A-UBEC	50	65	2～5	58×28×15	44	开关模式
ESC-60A	60	80	2～6	63×28×18	51	3A/5V
ESC-60A-UBEC	60	80	2～6	63×28×18	51	开关模式
ESC-80A	80	100	2～6	63×28×18	60	3A/5V
ESC-80A-UBEC	80	100	2～6	63×28×18	60	开关模式
ESC-100A	100	120	3～6	96×55×21	130	无
ESC-120A	120	150	3～6	96×55×21	150	无
ESC-150A	150	180	3～6	96×55×21	180	无
ESC-80A-HV	80	100	3～10	96×55×21	150	无
ESC-100A-HV	100	120	3～10	96×55×21	160	无
ESC-120A-HV	120	150	3～10	96×55×21	180	无

电调选择应考虑以下因素。

① 在选择电调之前，应比较各品牌电调的性能参数和性价比，选择最合适的电调。

② 电调和电动机要合理匹配。

③ 电调的输出电流必须大于电动机的最大电流。

第五节　多旋翼无人机用螺旋桨

螺旋桨是无人机的重要部件之一，也是最容易损坏的部件。多旋翼无人机用螺旋桨实物如图 2-12 所示。

图 2-12　多旋翼无人机用螺旋桨实物

一、螺旋桨的作用

无人机用螺旋桨具有以下作用。

① 螺旋桨是直接产生升力的部件，是以追求效率为第一目的。

② 螺旋桨与电动机、电调优化匹配，可以在相同的升力下耗用更少的电量，这样就能延长多旋翼无人机的续航时间。因此，选用最优的螺旋桨是提高续航时间的一条捷径。

二、螺旋桨的指标参数

多旋翼无人机用螺旋桨指标参数主要有型号、转动惯量、桨叶数和安全转速。

1. 型号

假设螺旋桨在一种不能流动的介质中旋转，那么螺旋桨每转一圈，就会向前进一个距离，称为螺距。显然，桨叶的角度越大，螺距也越大，角度与旋转平面角度为 0°，螺距也为 0。螺旋桨一般用 4 个数字表示，其中前面 2 位是螺旋桨的直径，后面 2 位是螺旋桨的螺距，单位是 in（1in≈2.54cm，下同）。

例如，型号为 1045 的螺旋桨，其直径是 10in，而螺距为 4.5in；型号为 9050 的螺旋桨，其直径为 9.0in，螺距为 5.0in。

2. 转动惯量

转动惯量越小，控制起来越灵敏。更重要的是，螺旋桨的转动惯量越小，改变转速所消耗的能量就越小，飞行效率就越高。因此，为了减少转动惯量，在不改变外形和强度的前提下，有些特制的螺旋桨内部材质还会进一步设计。

3. 桨叶数

对于多旋翼无人机，螺旋桨的桨叶数有 2 叶桨和 3 叶桨，如图 2-13 所示，其中 2 叶桨的性能最优。

4. 安全转速

安全转速的计算，要保证在所有可能工况下不超过最高允许转速。以最常用的 10in 螺旋桨为例，多旋翼螺旋桨的最大桨速为 10500r/min，慢飞桨最大

图 2-13　螺旋桨桨叶数

桨速只有 6500r/min。因此，选择螺旋桨安全转速要注意使用场合。

三、螺旋桨的材料

螺旋桨使用的材料一般有碳纤维、塑料、尼龙、木材等。碳纤维螺旋桨比塑料螺旋桨贵几乎 2 倍，但它具有以下优势。

① 碳纤维螺旋桨刚性较好，因此产生振动和噪声较小。

② 碳纤维螺旋桨比塑料螺旋桨更轻，强度更大。

③ 适用于高 KV 值电动机，控制响应比较迅速。然而，当发生炸机时，因为碳纤维刚性强，电动机将吸收大部分的冲击力。

木制螺旋桨一般更重，也更贵，比较适用于较大载重的多旋翼无人机，如图 2-14 所示。

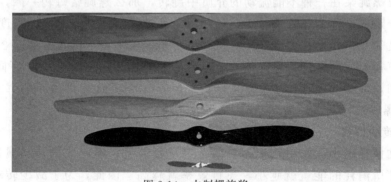

图 2-14　木制螺旋桨

四、螺旋桨产生的动力

螺旋桨产生的动力是驱动多旋翼无人机运动的主要推力，因此螺旋桨的动力特性对于多旋翼无人机的系统模型以及运动控制都非常重要。但由于螺旋桨工作时的特性非常复杂，这里只给出螺旋桨的动力近似计算公式。

多旋翼无人机工作时螺旋桨将为无人机提供升力和反转矩，从而使无人机执行各种机动动作。根据螺旋桨空气动力学的相关理论可知，螺旋桨上产生的升力与反转矩主要与空气密度、螺旋桨角速度、螺旋桨桨叶面积、桨叶长度、桨叶数、桨叶的特征升力系数和反转矩系数有关，其关系可近似表述为

$$F = \frac{1}{2} a\rho\omega^2 N_B C_T$$

$$M = -\frac{1}{2} R^2 \rho\omega^2 N_B C_M$$

式中，F 为螺旋桨产生的升力；a 为螺旋桨桨叶面积；ρ 为空气密度；ω 为螺旋桨角速度；N_B 为螺旋桨桨叶数；C_T 为螺旋桨桨叶的特征升力系数；M 为螺旋桨产生的反转矩；R 为桨叶长度；C_M 为螺旋桨桨叶的反转矩系数。

五、螺旋桨的选择

如果说电动机和电调是运动员的腿和脚，那么螺旋桨就是运动鞋，跑得快不快看腿脚，跑得舒不舒服就是看鞋。螺旋桨对于无人机也是一样，建立在不超负载的情况下，无人机可以更换很多不同的螺旋桨。同样可以飞起来，但是飞行效果和续航时间却是大相径庭。螺旋桨选得适合，飞行更稳，航拍效果、续航时间都兼得；选得不好，可能效果就相反。

相同的电动机，不同的 KV 值，用的螺旋桨也不一样，每个电动机都会有一个推荐的螺旋桨。相对来说，螺旋桨配得过小，不能发挥最大推力；螺旋桨配得过大，电动机会过热，会使电动机退磁，造成电动机性能的永久下降。

选择螺旋桨时应考虑以下因素。

① 不同材质的螺旋桨，价格和性能差别较大，根据实际需要，选择最适合的螺旋桨。

② 螺旋桨的型号必须与电动机的型号相匹配，可参考电动机厂家推荐使用的螺旋桨型号。

第六节　多旋翼无人机用电池

多旋翼无人机使用的电池一般是专用锂聚合物电池，其实物如图 2-15 所示。

一、电池的作用

电池的主要作用是为无人机提供能量。目前多旋翼无人机最大的问题在于续航时间短，续航时间一般在 20min 左右；任务拓展能力

图 2-15　多旋翼无人机用电池

弱，其关键在于电池容量小。

二、电池的指标参数

电池的指标参数主要有电压、容量、放电倍率、内阻等。

1. 电压

锂电池单节电压为 3.7V。电池上标注的型号表示多少节电池，是串联还是并联，电压是多少。

例如，型号 3S1P 中，S 表示串联，P 表示并联，3S1P 表示 3 片锂聚合物电池串联，电压是 11.1V；2S2P 表示 2 片锂聚合物电池串联，然后两个这样的串联结构并联，总电压是 7.4V，电流是单个电池的 2 倍。

电池不仅在放电过程中电压会下降，而且由于电池本身具有内阻，其放电电流越大，自身由于内阻导致的压降就越大，所以输出的电压就越小。

2. 容量

电池在一定的放电条件下所能放出的电量称为电池的容量，常用单位为毫安时（mA·h），它等于放电电流与放电时间的乘积。例如，5000mA·h 的电池表示该电池以 5000mA 的电流放电可以持续 1h。但是，随着放电过程的进行，电池的放电能力在下降，其输出电压会缓慢下降，所以导致其剩余容量与放电时间并非是线性关系。

无人机在实际飞行过程中，有两种方式检测电池的剩余容量是否满足飞行安全的要求。一种方式是检测电池单节电压，单节电池充满电时电压为 4.2V，放电终止时电压为 3.0V，一般无人机在 3.6V 时会出现电量报警；另一种方式是实时检测电池输出电流做积分计算。

3. 放电倍率

一般充放电电流的大小常用放电倍率来表示，即充放电倍率＝充放电电流/额定容量。例如，额定容量为 100A·h 的电池用 20A 放电时，其放电倍率为 0.2C。电池放电倍率是表示放电快慢的一种度量。所用的容量 1h 放电完毕，称为 1C 放电；5h 放电完毕，则称为 0.2C 放电。容量 5000mA·h 的电池最大放电倍率为 20C，其最大放电电流为 100A。锂聚合物电池一般属于高倍率电池，可以给多旋翼无人机提供能量。

4. 内阻

电池的内阻是指电流流过电池内部时所受到的阻力，它由电极材料、电解液、隔膜电阻及各部分零件的接触电阻组成，与电池的尺寸、结构、装配等有关。充电电池的内阻很小，一般用 mΩ 的单位定义它，需要用专门的仪器才可以测量到比较准确的结果。一般所知的电池内阻是充电态内阻，即指电池充满电时的内阻。与其对应的是放电态内阻，指电池充分放电后的内阻。一般来说，放电态内阻比充电态内阻大，并且不太稳定。电池内阻越大，电池自身消耗掉的能量越多，电池的使用效率越低，放电能力越弱。内阻很大的电池在充电时发热很严重，使电池的温度急剧上升，对电池和充电器的影响都很大。随着电池使用次数的增多，由于电解液的消耗及电池内部化学物质活性的降低，电池的内阻会有不同程度的升高。电池的内阻不是常数，在充放电过程中随时间不断变化，不是线性关系，常随电流密度的对数增大而线性增加。

三、智能飞行电池

图 2-16　智能飞行电池

智能飞行电池是专门为无人机设计的带有充放电管理功能的电池。如图 2-16 所示是专门为 Phantom 4 设计的一款容量为 5350mA·h、电压为 15.2V、带有充放电管理功能的电池。

该款智能飞行电池具有以下功能。

（1）电量显示　电池自带电量指示灯，可以显示当前电池电量。

（2）寿命显示　电池自带电量指示灯，可以显示当前电池寿命。

（3）电池存储自放电保护　如果电池电量大于 65%，存储 10 天内无任何操作，电池就启动自放电至 65% 电量，以保护电池。自放电过程持续 2～3 天，期间无 LED 灯指示，可能会有轻微发热，属正常现象。保护启动时间参数可以设置。

（4）平衡充电保护　自动平衡电池内部电芯电压，以保护电池。

（5）过充电保护　过度充电会严重损伤电池，当电池充满后会自动停止充电。

（6）充电温度保护　温度在 5℃ 以下或 40℃ 以上时充电会损坏电池，在此温度时电池将不启动充电。

（7）充电过流保护　大电流充电将严重损伤电池，当充电电流大于 8A 时，电池会停止充电。

（8）过放电保护　过度放电会严重损伤电池，当电池放电至 12V 时，电池会切断输出。

（9）短路保护　在电池检测到短路的情况下，会切断输出，以保护电池。

（10）电芯损坏检测　在电池检测到电芯损坏或者电芯严重不平衡的情况下，会提示电池已经损坏。

（11）电池使用异常记录　可显示最近 31 次电池使用异常记录，如电池短路、放电电流过大等。

（12）休眠保护　当电池处于开启状态时，若未连接任何用电设备，电池在 20min 后会进入休眠状态，以保持电量。

　　（13）通信　可以通过电池上的通信接口实时获得电池信息，如电压、电量、电流等。

四、电池选择原则

　　多旋翼无人机用电池主要品牌有复利、海雷新能源、格瑞普、实达等。
表 2-3 所示为某企业生产的无人机用电池。

表 2-3　某企业生产的无人机用电池

序号	容量/mA·h	电压/V	放电倍率/C	组合方式
1	2300	11.1	45	3S1P
2	1800	14.8	75	4S1P
3	1800	11.1	75	3S1P
4	1800	14.8	45	4S1P
5	1800	11.1	45	3S1P
6	1550	14.8	75	4S1P
7	1550	11.1	75	3S1P
8	1550	14.8	75	4S1P
9	1550	11.1	45	3S1P
10	1300	14.8	75	4S1P
11	1300	11.1	75	3S1P
12	1300	14.8	45	4S1P
13	1300	11.1	45	3S1P

　　无人机用电池选择要考虑以下因素。
　　① 电池输出电流一定要大于电动机的最大电流，越大越好。
　　② 电动机工作电压由电调决定，而电调电压由电池输出决定，所以电池的电压要等于或小于电动机的最大电压。
　　③ 电池电压不能超过电调最高承载电压。
　　④ 电池的放电电流达不到电调的电流时，电调就发挥不了最高性能，而且电池会发热，产生爆炸，所以一般要求电池的持续输出电流大于电调的最大持续输出电流。
　　⑤ 电池容量与无人机续航能力密切相关，电池容量越大，续航能力越强。

五、电池的日常保养

　　电池是保证无人机能正常起飞的关键因素之一，如何才能增加其使用寿命是人们关心的问题。电池的日常保养对电池使用寿命有重要影响。
　　锂聚合物电池是一种化学电池，任何一种电池都有寿命，电池寿命的长短与电池本身的特性有关，也与日常的使用保养有关。理论上一个锂聚合物电池寿命一般为300~500个充电周期，但实际中并不能真正做到这样理想化的状态，每完成一个充电周期，电池的蓄电性能就会下降一点儿。不过，在正常周期内这个下降幅度非常小，高品质的电池充过多个周期后，仍然会保留原始蓄电能力的80%。这个正常周期会维持很长一段时间，一旦过了这个周期，电池的蓄电性能会大幅下降。

电池的日常保养要注意以下事项。

① 正确使用可以延长锂聚合物电池的使用寿命。有些用户根据传统电池的使用经验，在新电池开始使用后充满电再放光电，以为这种方法能激活电池的最大潜力。还有些用户得到新电池后长期放置不用，以为只要没用过，电池的寿命就没有影响。对锂聚合物电池，这两种都是非常错误的使用习惯，深度放电对锂聚合物电池的寿命会产生严重伤害，一块锂聚合物电池只要深度放电2次寿命就终结了。在长期存放电池时定期地充电，在日常使用电池时避免电池电量完全放光，可以有效地延长电池寿命。

② 每次使用完电池必须等待完全冷却后才能重新充电，避免电池自身处在高温状态或在高温环境下充电。

③ 长时间存放而不使用的电池，应保持电池总电量的70%。当处于未被使用的状态当中时，锂电池会有一个自动放电的过程。如果放电电压低于2.4V，会严重损坏电池，导致电池不能再使用。因此建议每隔3周检查电池或重新为电池充1次电。多功能电池检测仪可以正确地显示电池的状态。

④ 正确设置充电电流，过大的电流充电也会影响电池寿命，同时也不能完全充满。

⑤ 电池只适合在室温下保存和使用，电池的温度在4℃以下时放电性能会下降，电池的温度在−10℃以下时会导致电池放电性能严重下降，甚至会导致电池完全不放电，所以应尽量避免将电池长时间在低温环境下放置。如果电池的温度较低，如冬天在室外的汽车中过夜，在使用前3h应将电池放到室温环境里放置，慢慢加温到20~40℃后再使用。如果多旋翼无人机在低温环境下飞行作业，应做好电池的保暖工作，如将电池放置在有暖气的汽车内或工作人员的怀里，在使用前的最后一刻再取出装在无人机上，一旦装上就要尽早起飞，让电池开始工作。电池放电过程中会产生热量，可以避免电池温度过低。但即使做好电池使用前的保温工作，−10℃以下的低温环境仍然会让电池的放电性能严重下降，在使用中需要特别注意。

⑥ 避免在4℃以下的低温环境里对电池进行充电，太低的温度下电池有时甚至充不上电。但不必担心，这只是暂时状态，一旦环境温度升起来，电池中的分子受热，就马上恢复到以前的蓄电能力。

⑦ 锂电池在35℃以上的高温环境下工作，电池的电量也会减少，电池的

供电时间不会像往常那样长。如果在这样的高温环境下对电池进行充电，对电池的损伤将更大。长期在高温环境中存放电池，也会不可避免地对电池的质量造成相应的损坏。夏天在室外进行飞行作业时，一定要避免电池在阳光下暴晒。尽量保持在适宜的操作温度是延长电池寿命的好方法。

⑧ 要想发挥电池的最大效能，就需要经常用它，让电池内的电子始终处于流动状态。如果不经常使用，请一定记得每月给电池大幅度充放电 1 次。

⑨ 不要把电池放在有硬币或钥匙的口袋中，也不要放在雨后或结露的潮湿草地上，因为这些情况下有可能发生短路。

⑩ 飞行时如果地面站电压告警，必须马上降落。即使只是暂时的电压告警，接着马上电压显示正常，也必须降落。因为受风等因素的影响，电压有时会暂时上升。

⑪ 降落后要及时把电池取出。

⑫ 起飞前换入充满电的电池，避免与部分放电的电池弄混。

⑬ 很多坠机和粗暴着落都是由于使用了未完全充满电的电池引起的。

总之，多旋翼无人机的电动机、电调、电池和螺旋桨之间要合理匹配，才能使无人机性能达到最优。

第七节　多旋翼无人机飞控系统

无人机飞控系统是指能够稳定无人机的飞行姿态，并能控制无人机自主或半自主飞行的控制系统，是无人机的"大脑"，也是区别于航模的最主要标志，其实物如图 2-17 所示。

一、多旋翼无人机飞控系统的组成

多旋翼无人机控制系统框图如图 2-18 所示，飞控系统主要由传感器和飞行控制器组成，其中传感器用于检测多旋翼无人机的飞行状态信息，这些信息经过控制器处理后转变成能够被控制系统识别的有效信息；飞行控制器根据这些传感器反馈回来的飞行状态信息、预先给定的状态和现场无线电输入的控制指令信息进行处理，来计算出控制驱动电动机的输出信息。其中无人机状态的测量和飞行姿态的稳定控制是飞控系统的核心，因此，必须研究无人机的传感器、姿态解算、数学模型和控制技术等。

图 2-17　无人机用飞控系统

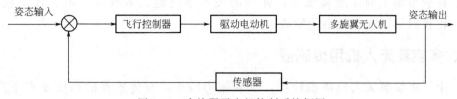

图 2-18 多旋翼无人机控制系统框图

二、多旋翼无人机飞控系统的功能

针对不同功能的无人机，其飞控系统的功能也不同。多旋翼无人机飞控系统的主要功能是使无人机能够按照给定指令给出相应的响应并且能够稳定可靠地飞行，具体表现在以下方面。

① 具有实时、有效地采集加速度传感器、陀螺仪、磁罗盘、气压传感器等机载传感器信息的能力，为了方便后期的扩展功能，还需预留扩展口。

② 能够快速从机载传感器中获取到所需要的有用数据和信息，确定当前无人机的飞行状态。

③ 能够通过无线通信链路实现控制指令的传送，并将无人机的飞行状态传给地面接收装置，方便地面站对多旋翼无人机进行控制和飞行状态监测。

④ 可手控也可自控，通过手控和自控的双保险，保证无人机的安全飞行，可应对一些突发状况。

⑤ 能够实现无人机的飞行姿态控制、航向控制、高度控制、自主飞行等模式的控制律解算。

无人机飞控系统的功能是随着开源飞控系统的发展而不断发展的。开源飞控系统的发展可分为三代。

第一代开源飞控系统以使用 Arduino 或其他类似的开源电子平台为基础，扩展连接各种 MEMS 传感器，能够让无人机平稳地飞起来，其主要特点是模块化和可扩展能力。

第二代开源飞控系统大多拥有自己的开源硬件、开发环境和社区，采用全集成的硬件架构，将全部传感器、主控单片机甚至 GPS 等集成在一块电路板上，以提高可靠性。它使用全数字三轴 MEMS 传感器组成航姿系统，能够控制无人机完成自主航线飞行，同时可加装电台与地面站进行通信，初步具备完整自动驾驶仪的功能。此类飞控系统具备多种飞行模式，包含手动飞行、半自主飞行和全自主飞行。第二代飞控系统的主要特点是高集成性、高可靠性，其功能已经接近商业自动驾驶仪标准。

第三代开源飞控系统将会在软件和人工智能方面进行革新。它加入了集群飞行、图像识别、自主避障、自动跟踪飞行等高级飞行功能，向机器视觉化、集群化、开发过程平台化的方向发展。

目前市场上的多旋翼无人机使用的飞控系统绝大多数属于第二代飞控系统，正在向第三代飞控系统发展。

三、多旋翼无人机用传感器

由于多旋翼无人机体积较小，承载能力较小，对传感器的精度要求不高，因此，传感器选型应遵循以下原则：成本低，体积小，重量轻，功耗低，外围电路简单，合适的灵敏度，合适的精度，以及较高的工作稳定性。

传感器按照加工工艺主要分为机械式和微机电系统（MEMS）两种类型。机械式传感器具有很高的精度和灵敏度，对环境的适应性很强且具有很高的工作稳定性，是目前最理想的传感器，广泛应用于航空和航天工程中。但是由于机械式传感器结构极其复杂，其体积和重量都很大，无法安装在小型无人机上，而且其成本居高不下，因此，多旋翼无人机一般选用MEMS传感器。

MEMS传感器是集微型机构、微型传感器、微型执行器以及信号处理和控制电路等于一体的微机电系统。MEMS传感器具有体积小、重量轻、功耗低、外围电路简单、成本低等优点。但是由于MEMS传感器采用基于硅的半导体材料加工而成，对冲击振动也比较敏感，因此MEMS传感器对温度变化比较敏感，精度并不能达到很高。考虑到MEMS传感器的固有缺点，一般基于MEMS传感器的飞控系统都采用多种传感器互相配合工作，通过程序算法对多种传感器数据进行滤波融合以尽可能地减小温度和冲击振动对传感器带来的影响，最终减小误差。

传感器负责采集多旋翼无人机飞行状态中的姿态信息、高度信息、位置信息，监测电流电压，从而验证多旋翼无人机执行机构是否工作正常。其中，陀螺仪和加速度传感器采集三个轴向的倾角及加速度，通过数据融合输出姿态信息；气压传感器采集无人机飞行高度信息；磁罗盘根据地磁信号确定小范围内的机头指向。传感器的选型主要考虑灵敏度和测量精度。

1. 加速度传感器

加速度传感器能够检测出物体受到的加速度，进而可以通过积分运算求出物体的速度和位移，通过测量重力加速度还可以计算出物体的倾斜角度。但是加速度传感器并不能区分重力加速度和运动加速度，因此加速度传感器对振动比较敏感。

多旋翼无人机上的加速度传感器可以获得俯仰角、横滚角和偏航角，但是由于多旋翼无人机在飞行过程中，电动机的高速运转会对机架产生振动等干扰，因此需要对加速度传感器获取的姿态角数据进行处理。通过融合加速度和陀螺仪的姿态数据，可以获得较为精确的姿态信息。

现有加速度传感器主要产品见表2-4。

表 2-4　现有加速度传感器主要产品

型号	轴数/个	测量范围/g	灵敏度	输出类型	供电电压/V
ADXL362	3	±2、±4、±8	1~4mg/LSB	数字	2.0~3.6
ADXL377	3	±200g	6.5mV/g	模拟	3.0~3.6
ADXL345	3	±2、±4、±8、±16	256LSB/g	数字	2.0~3.6
ADXL212	2	±2	1mg/LSB	数字	3.0~5.25
ADXL206	2	±5	312mV/g	模拟	4.75~5.25
ADXL312	3	±1.5、±3、±6、±12	0.0029g/LSB	数字	2.0~3.6
ADXL337	3	±3.6	300mV/g	模拟	1.8~3.6
ADXL325	3	±5	125mV/g	模拟	1.8~3.6

　　ADI 公司生产的 ADXL345 加速度传感器是一款小而薄的超低功耗的三轴数字加速度传感器，如图 2-19 所示，其主要性能指标见表 2-5。

图 2-19　ADXL345 加速度传感器

表 2-5　ADXL345 加速度传感器主要性能指标

指标	参数
电压/V	2.0~3.6
电流/μA	40
量程/g	±2、±4、±8、±16
带宽/Hz	3200
灵敏度/(LSB/g)	256
通信接口	SPI/IIC
数据分辨率/bit	10
抗冲击能力/g	10000

2. 陀螺仪

　　陀螺仪的种类较多。从具体的制作结构来讲，陀螺仪的种类包括微机械、光纤、压电和激光陀螺仪等。按照使用的功能和角度，可以分为指示陀螺仪和传感陀螺仪。指示陀螺仪主要用于指示无人机的飞行状态，在无人机的仪表上显示俯仰角、横滚角、偏航角等数据。传感陀螺仪用于无人机的自动控制系统中，通过检测三轴姿态角获得飞行参数，并通过和 GPS、加速度传感器、磁罗盘等传感器数据融合，构成惯导系统。多旋翼无人机采用的是微机械陀螺仪，主要测量无人机的俯仰角、横滚角和偏航角。

AD 公司生产的 ADXRS 系列模拟输出陀螺仪型号和 ADIS 系列数字输出陀螺仪型号见表 2-6 及表 2-7。

表 2-6　ADXRS 系列模拟输出陀螺仪型号

参数	型号			
	ADXRS150	ADXRS300	ADXRS610	ADXRS614
量程/[(°)/s]	±150	±300	±300	±50
比例因子/{mV/[(°)/s]}	12.5	5	6	25
带宽/kHz	2	2	2	2
噪声/[(°)/(s·Hz$^{\frac{1}{2}}$)]	0.05	0.1	0.05	0.04
非线性(FS)/%	0.1	0.1	0.1	0.1
温度传感器	有	有	有	有
参考电压/V	有	有	无	有
输入电压/V	4.75~5.25	4.75~5.25	4.75~5.25	4.75~5.25

表 2-7　ADIS 系列数字输出陀螺仪型号

参数	型号	
	ADIS16100	ADIS16355
描述	数字输出陀螺仪	高精度三轴惯性传感器
量程/[(°)/s]	±300	±(75~300)
比例因子/[(°)/(s·LSB)]	0.244	0.018
输出	SPI	SPI
带宽/kHz	0.04	0.35
噪声/[(°)/(s·Hz$^{\frac{1}{2}}$)]	0.1	0.05
温度传感器	有	有
参考电压/V	有	有

图 2-20　L3G4200 陀螺仪

ST 公司生产的 L3G4200 陀螺仪传感器是一款低功耗的三轴数字输出陀螺

仪，如图 2-20 所示，可根据不同场合选择不同灵敏度，并自带低、高通滤波器，其主要性能指标见表 2-8。

表 2-8　L3G4200 陀螺仪主要性能指标

指标	参数
电压/V	2.4～3.6
电流/mA	6.1
带宽/Hz	100、200、400、800
灵敏度/[(°)/s]	250、500、2000
线性度(FS)/%	0.2
数字接口	SPI/IIC
数据分辨率/bit	12

3. 磁罗盘传感器

磁罗盘是多旋翼无人机中特有的一种传感器，小型固定机翼无人机上并没有磁罗盘。磁罗盘根据地磁信号确定小范围内的无人机机头指向，从而准确地控制飞行的方向。多旋翼无人机上的磁罗盘面临比较大的问题是飞行过程中电动机的大电流干扰，容易导致磁罗盘失效而使无人机发生自旋的现象。

磁罗盘的参数主要包括航向测量范围、倾角测量范围、航向精度、倾角精度、稳定时间、功耗、工作温度等，同时要具有输出接口，而且抗干扰性强。

霍尼韦尔公司生产的 HMC5883L 磁罗盘传感器是一款集成度高、低功耗并带有 IIC 数字接口的三轴磁阻传感器芯片，如图 2-21 所示，其主要性能指标见表 2-9。

图 2-21　HMC5883L 磁罗盘传感器

表 2-9　HMC5883L 磁罗盘传感器主要性能指标

指标	参数
电压/V	2.1～3.6
电流/μA	100
带宽/Hz	75/160

续表

指标	参数
灵敏度/($\times 10^{-7}$ T/bit)	2
线性度(FS)/%	0.1
数字接口	IIC
数据分辨率/bit	12

　　磁罗盘传感器内部采用了三组各向异性的磁阻器件，能够在大干扰和低磁场的环境下良好工作，其适用于多旋翼无人机的结构。HMC5883L 磁罗盘的封装大小为 3.0mm×3.0mm×0.9mm，为表面贴片型器件，体积小，适用于小型多旋翼无人机控制板。

　　实际使用中，HMC5883L 磁罗盘的高集成度使其只需添加一个微处理器接口，外加两个外部 SMT 电容就可以稳定工作，同时有大量的软件和算法支持。

4. 气压传感器

　　当无人机飞行高度较高时则无法使用超声波传感器来测量高度，这时应使用气压传感器。大气压随高度的增加而减小，气压传感器正是通过测量大气压来估计高度。因为大气压分布并不是均匀的，而且气压传感器对气流的影响很敏感，因此气压传感器只能得到飞行高度的近似值。

　　气压传感器在多旋翼无人机上使用主要实现对气压的实时监测，并转换为高度值，并与微控制器通信，对高度进行实时监测和调整。

　　气压传感器参数主要包括测量范围（包括气压值和高度值），主要由压敏电阻的范围决定；测量精度，即分辨率，辨别气压或高度变化的最小单位；数据输出接口和内容，绝大部分气压传感器都内置 ADC，数字接口，输出包括气压、高度、温度；工作电压和功耗；工作环境条件；外形尺寸。

　　小型多旋翼无人机的飞行空间主要在 300m 以内的低空环境。由于飞行高度低，飞行控制器选用的气压高度对工作范围的极限值要求较低，对低空高度变化的辨识度要求严格，必须达到亚米级的精度。同时要求体积小，重量轻。

　　博世公司生产的 BMP085 气压传感器是一款高精度、超低能耗的压力传感器，如图 2-22 所示，其主要性能指标见表 2-10。

图 2-22　BMP085 气压传感器

表 2-10　BMP085 气压传感器主要性能指标

指标	参数
电压/V	1.8～3.6
电流/μA	5
精度/mbar	±1.5
压力测量范围/mbar	10～1100
数字接口	IIC
数据分辨率/bit	16

注：1mbar＝10^2Pa。

　　MS5611 气压传感器是由 MEAS 研发和制造的新一代高分辨率气压传感器，该传感器具有 SPI 和 IIC 数字总线接口，测量分辨率可达到 10cm。MS5611 气压传感器的数字接口通信协议简单，可与多种微控制器连接，且操控较为方便，无需使用设备内部寄存器编程。MS5611 气压传感器具有很小的封装，分为塑料和金属盒两种形式，最大的封装不超过 5mm×3mm，体积小的巨大优势使得 MS5611 气压传感器非常适合于集成在类似飞控系统的体积较小的电路板中。同时，MS5611 气压传感器稳定性极高，对于压力信号的处理滞后极小。

　　MS5611 气压传感器具有以下主要参数和性能特征。

　　① 具有较宽的工作范围，在−40～85℃间，测量范围达到 (10～1200)×10^2Pa。

　　② 具有 IIC 和 SPI 数字总线接口，最大传输频率达到 20MHz。

　　③ 内置振荡器，无需附加外部电路。

　　④ 具有极好的长期稳定性。

　　⑤ 具有高达 10cm 的分辨率。

　　⑥ 供电电压为 1.8～3.6V。

　　⑦ 集成 24 位数字模拟转换，转换时间小于 1ms。

5. GPS 模块

　　无人机 GPS 模块如图 2-23 所示，它的主要作用是导航和定位。因为无人机本身无法获得足够精确的自身坐标数据，因此，无人机的飞行控制均采用 GPS 卫星导航系统与惯性导航系统相结合的方式，即 GPS 与加速度传感器、陀螺仪、磁罗盘等传感元件相结合。此外，无人机在航拍时还需要知道自己的

图 2-23　无人机 GPS 模块

精确位置，因此无人机上安装了 GPS 信号接收机，也就是内置有 GPS 模块。GPS 模块在无人机的起飞、悬停和飞行的过程中，时刻精确定位，确保无人机的飞行安全。

　　无人机 GPS 模块定位与导航系统主要由 GPS 定位系统、电子地图系统

和导航系统组成。工作原理为，按事先设定的同步时间或者是按照地面控制站的指令，利用 GPS 模块对无人机进行精确定位，并将定位结果显示在电子地图上，根据无人机动态航迹与计划航线的偏差对无人机的飞行进行修正。

四、多旋翼无人机常用飞控系统

飞控板是飞行控制集成电路板的简称，是多旋翼无人机的核心，飞控板性能的优劣直接决定了无人机性能的优劣。飞控板可以根据自己的需要进行开发，也可以选用市场上成熟的飞控板。目前很多飞控板是开源的，可以在此基础上进行二次开发。

飞控板是多旋翼无人机的核心器件，同时它完成很多复杂的功能。其完成的主要功能是处理来自遥控器或自动控制的信号，这时飞控板需要识别遥控器或自动控制信号，完成要求的飞行姿态或其他指令；控制电调，此时飞控板要做的就是给电调发送信号，调节电动机的转速，实现控制改变飞行姿态的功能。不同的飞控板，其功能是有差别的，价格差别也较大。在选用时，必须了解飞控板的功能。下面介绍几种市场上常见的飞控板，即 APM 飞控板、A2 飞控系统、玉兔二代飞控板、SuperX 飞控系统、零度飞控板、NAZA 飞控板、SKYline32 飞控板。

1. APM 飞控板

图 2-24　APM 飞控板

APM 飞控板如图 2-24 所示，它是一款完全开源的自动驾驶控制器，可应用于固定机翼无人机、直升飞机、多旋翼无人机等，同时还可以搭配多款功能强大的地面控制站使用。地面控制站可以在线升级固件、调节参数，使用一套全双工的无线数据传输系统在地面控制站与飞控系统之间建立起一条数据链，即可组成一套无人机自动控制系统，非常适合个人组建自己的无人机驾驶系统。

（1）APM 飞控板板面介绍　APM2.8 飞控板正面如图 2-25 所示，背面如图 2-26 所示。

（2）APM 飞控板的硬件　APM2.8 飞控板包括以下硬件。

① 主控芯片 MCU 采用了 ATMEGA2560 单片机，该单片机在 4.5～5.5V 的工作电压范围内可以达到 16MHz 的工作频率，可以满足通常要求的数据处理能力，其可编程 I/O 端口多达 86 个，可以满足较多外设对 I/O 端口的需求。

② 整合三轴陀螺仪与三轴加速度传感器的六轴 MEMS 传感器 MPU6000，测量三轴角速度和三轴加速度。

③ 高度测量采用高精度数字空气压力传感器 MS5611，同时它还附带了精

图 2-25　APM2.8 飞控板正面

1—数传接口；2—模拟传感器接口；3—增稳云台输出接口；4—ATMEGA2560 SPI 在线编程接口；5—USB
接口；6—遥控输入；7—功能选择跳线；8—GPS 接口；9—12C 外接罗盘接口；10—ATMEGA32U2 SPI
在线编程接口；11—多功能可配置 MUX 接口；12—电流和电压接口；13—电调供电选
择跳线；14—电调输出接口

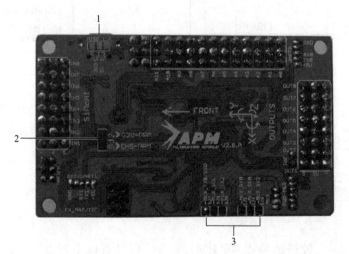

图 2-26　APM2.8 飞控板背面

1—SPI 的 MISO 电压选择；2—PPM 输入选择；3—MUX 接口功能选择

确的温度检测功能，这为进一步开发中增加系统的温漂补偿功能、提升系统的
智能性奠定了基础。

④ 16MB 的 AT45DB161D 存储器，用来存储无人机飞行期间机载传感器、
GPS 的数据信息以及飞行状态信息等，为飞行试验的分析优化和故障检测提供

了具体可靠的资料。

⑤ 三轴磁力计 HMC5883，测量当前无人机的航向。

⑥ 8 路 PWM 控制输入。

⑦ 11 路模拟传感器输入。

⑧ 11 路 PWM 输出（8 路电调电动机＋3 路云台增稳）。

⑨ GPS 模块可选 MTK 3329 及支持 Ublox 输出的 NEO-6M、NEO-7M、LEA-6H 等。

⑩ 可屏蔽板载 PPM 解码功能，外接 PPM 解码板或者外接 PPM 接收机。

⑪ 可屏蔽板载罗盘通过 IIC 接口使用外置扩展罗盘。

除此之外，还有一些可选硬件，如 OSD 模块、空速传感器、电流电压传感器、超声波测距传感器、光流定点传感器等，同时，可扩展其他 UARTO、IIC、SPI 设备，降低了二次开发的难度。

APM2.8 飞控板硬件方框图如图 2-27 所示。

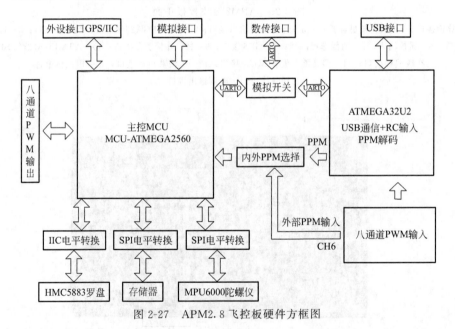

图 2-27　APM2.8 飞控板硬件方框图

（3）APM 飞控板的特点　APM2.8 飞控板具有以下特点。

① 免费开源固件，支持固定翼飞机、直升飞机、多旋翼（包括四旋翼、六旋翼、八旋翼、十旋翼等）无人机等。

② Arduino 开源编译环境。

③ 完全可视化操作的任务规划（含中文和多国语言）。

④ 人性化的图形地面站控制软件，通过一根 USB 线或者一套无线数传连接，用鼠标点击操作就可以进行设置和下载程序到控制板的 MCU 中。

⑤ 地面控制站的任务规划器支持上百个三维航点的自主飞行设置，并且只需要通过鼠标在地图上点击操作即可。

⑥ 使用强大的 MAVLink 协议，支持双向遥测和实时传输命令。

⑦ 多种免费地面控制站可选，包括 APM PLANNER、HK HCS 等。

⑧ 可以使用手机上的地面控制站软件，地面控制站中可实现任务规划、空中参数调整、视频显示、语音合成和查看飞行记录等。

⑨ 可实现自动起飞、自动降落、航点航线飞行、自动返航等多种自驾仪性能。

⑩ 完整支持 Xplane 和 Flight Gear 飞行半硬件仿真。

2. A2 飞控系统

A2 飞控系统如图 2-28 所示，它是一款面向商用及工业用多旋翼平台的飞行控制系统，它以主控器为核心，通过主控器将 IMU、GPS-COMPASS PRO PLUS、LED-BT-I、PMU 和电调等设备接入 A2 系统，利用 IMU 惯性导航，结合 GPS 可进行定高定位，实现无人机控制功能。

图 2-28　A2 飞控系统

（1）A2 飞控系统的构成　A2 飞控系统由主控器、惯性测量单元 IMU、GPS-COMPASS PRO PLUS、电源管理模块 PMU、LED-BT-I 等构成。

① 主控器　主控器是 A2 飞控系统的核心模块，M1～M8 连接到无人机的电调，最多可支持 8 轴无人机；主控器内置基于 DJI DESST 技术的 16 通道接收机（DR16），可直接与 Futaba FASST 系列、DJI DESST 系列的遥控器搭配使用；主控器上两路独立工作的 CAN 总线接口，使系统具备更强的扩展性；四个可独立配置的输出通道；可外接 DSM2 卫星接收机；可选配 DJI D-BUS A-dapter 模块来支持普通接收机。

主控器端口说明如图 2-29 所示。

② 惯性测量单元 IMU　惯性测量单元 IMU 安装在无人机重心处，如图 2-30 所示，它内含惯性传感器，可测定无人机的飞行姿态；另含气压计，可测定无人

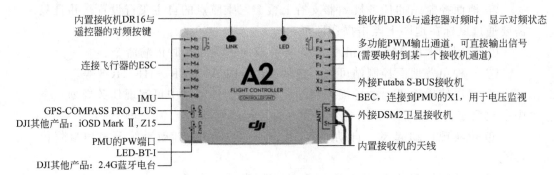

图 2-29　主控器端口说明

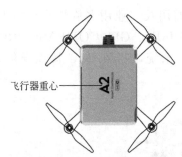

图 2-30　惯性测量单元 IMU

机的飞行高度。使用时将 IMU 连到主控器的 CAN1 端口上。安装时有位置和方向要求。IMU 在出厂时经过校准标定，在规定的使用温度范围内，外界温度的变化不会影响 IMU 的工作性能。IMU 使用温度范围为 $-5\sim60℃$，存放温度范围小于 $60℃$。

③ GPS-COMPASS PRO PLUS　GPS-COMPASS PRO PLUS 内含 GPS 和指南针，指南针用于测量地磁场，与 GPS 一起实现无人机水平方向定点。该模块有严格的安装位置和方向的要求。使用时需要进行指南针校准，并且要避免在铁磁物质环境中存放和使用。

GPS-COMPASS PRO PLUS 安装要求如图 2-31 所示。

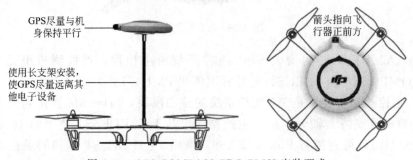

图 2-31　GPS-COMPASS PRO PLUS 安装要求

④ 电源管理模块 PMU　电源管理模块 PMU 内置双路 BEC，PW 端口为整个飞控系统供电（对外供电能力不超过 2A）；PX 端口提供了一路 3A/5V 的电源，以及低电压保护功能的信号 V-SEN。此外，PMU 上有两个 CAN-Bus 端口，用于连接 A2 的 LED-BT-I 模块和 DJI 的其他产品（如 2.4G 蓝牙电台）。

电源管理模块端口说明如图 2-32 所示。

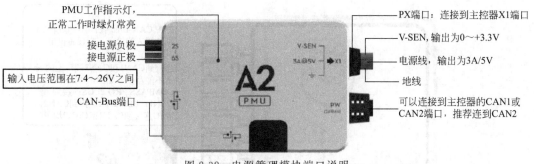

图 2-32　电源管理模块端口说明

⑤ LED-BT-I　LED-BT-I 集成了 LED 指示灯、蓝牙模块和 USB 接口。LED 指示灯用于飞行过程中指示飞控系统的状态（如控制模式）；蓝牙模块可与移动设备（如 iPhone）进行实时无线通信，从而实现移动设备调节参数；USB 接口用于与 PC 连接，请注意该接口的位置，以便使用 PC 调节参数时连线。

LED-BT-I 端口说明如图 2-33 所示。

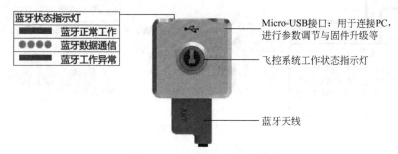

图 2-33　LED-BT-I 端口说明

飞控系统连线图如图 2-34 所示。

（2）A2 飞控系统的特点

① 集成全新一代的高精度感应器元件以及高性能 GPS 接收机。

② 运用先进的温度补偿算法和工业化的精准校准算法。

③ 内置减振设计，无需额外安装外框架或减振垫。

④ 呈现高精度控制和高性能手感。

⑤ 主控器内置 DJI 基于 DESST 技术的 16 通道接收机，并支持 DSM2 卫星接收机。

⑥ 可选配 DJI D-Bus Adapter 模块支持普通接收机。

（3）主控器安装要求　主控器安装方向要求如图 2-35 所示，选择其中一个安装方向，并且需要在 A2 调节参数软件中相应进行配置。

主控器安装位置要求如图 2-36 所示。

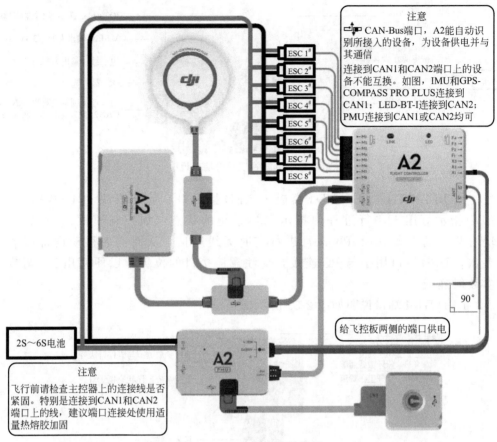

图 2-34　A2 飞控系统连线图

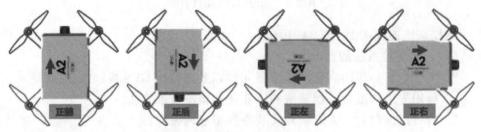

图 2-35　主控器安装方向要求

3. 玉兔二代飞控板

玉兔二代飞控板如图 2-37 所示，它采用 32 位 ARM 处理器以及现有最新的传感器，自主研发软件，设置界面简单友好，飞行稳定，安全可靠。

玉兔二代飞控板包含高精度数字三轴陀螺仪、数字三轴加速度传感器、数字三轴地磁传感器及高精度气压计，结构紧凑，体积小，可以实现稳定和平衡

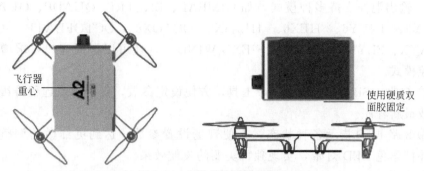

图 2-36　主控器安装位置要求

图 2-37　玉兔二代飞控板

功能，还可以外接超声波传感器、GPS 等实现定高、定点、返航、自动起降等更多的功能。8 通道遥控输入、10 通道电动机/舵机输出，支持航拍云台自动增稳，输出通道的模式可以由用户定义。自带 USB 接口，不用加扩展板就可以实现 PC 升级、调节参数。提供 PC 升级工具，随时根据大多数客户要求改进程序并能在线升级。

（1）玉兔二代飞控板的功能特点

① 主处理器，ARM32 位，主频 72MHz。

② 板载高精度数字三轴陀螺仪、三轴加速度传感器、三轴磁罗盘、高精度气压计，实现自动稳定、自动平衡、自动定高等功能。

③ 8 路接收通道，除了基本的 4 个摇杆通道外，还可以定义辅助开关通道或云台控制通道。

④ 10 路 16 位高精度 PWM 输出通道（最大支持 10 轴或 8 轴＋2 轴云台），可以定义 50～500Hz 的模拟/数字舵机或者非标准电调信号。

⑤ 提供串口、超声波、IIC、SPI 等接口，方便用户扩充 GPS、蓝牙、Wi-Fi、地面控制站、OSD、数传等外设。

⑥ 输出混控支持多种模式，如 GIMBAL、BI、TRI、QUADP、QUADX、Y4、Y6、INVY6、HEX6、HEX6X、OCTOX8、OCTOFLATP、OCTOFLATX、FLYING_WING、FIEXD WIND 等，还可以根据客户要求增加其他混控模式。

⑦ 自带 USB 接口，提供 PC 工具，方便设定参数，支持网络远程升级，随时下载最新程序。

⑧ 8 路 LED 指示各种状态，方便现场设置参数，达到更细微的调整，还可以外扩彩色 LED 灯带，实现独特美丽的夜航效果。

⑨ 最多 4S 电池电压独立实时检测，保证每个单体电池都不过放电。

⑩ 提供声光报警器接口、大功率 LED 以及提示音报警，方便用户设置低电压报警，报警提示音会随电压的降低而变得急促。

⑪ 开机具有设备自检功能，可以用遥控器选择设备，保障安全、放心飞行，并且自检过程有声光提示。

（2）玉兔二代飞控板的规格参数

① 报警电压的设置　2.8～4.0V。

② 陀螺仪±2000°/s，16 位分辨率，响应频率 1000Hz。

③ 加速度传感±8g，响应频率 800Hz。

④ 电子罗盘　±1°。

⑤ 气压计　±10cm。

⑥ 输入电压　5V±5%（由单个电调提供）。

⑦ LED 灯的对外输出 0～3V，每路 8mA，为 TTL 电平（切勿引入高电压）。

⑧ 安装孔之间的距离　45mm。

⑨ 质量　24g。

⑩ 工作温度：-10～85℃。

（3）玉兔二代飞控板接线图　玉兔二代飞控板接线图如图 2-38 所示。

4. SuperX 飞控系统

SuperX 飞控系统是专门为多旋翼无人机设计的飞行控制器，支持 2～8 旋翼的多旋翼无人机机架。

（1）SuperX 飞控系统的构成　SuperX 飞控系统由飞行控制器、IO 输入输出模块、GPS 模块、LED 指示灯模块构成，如图 2-39 所示。

飞行控制器集成 AHRS 进行姿态解算和飞行控制相关运算；集成 Micro-USB 端口，可连接计算机进行固件升级或调节参数。

IO 输入输出模块是连接飞行控制器、GPS、LED、接收机、ESC、云台舵机的纽带，内置 3A 电源模块。

GPS 模块内置电子罗盘，为飞控系统提供 GPS 位置和航向数据。

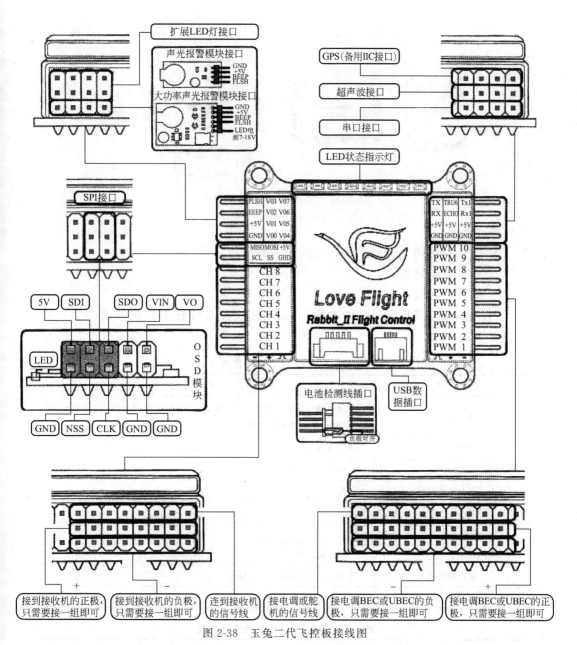

图 2-38　玉兔二代飞控板接线图

LED 指示灯模块指示飞行系统的各种状态。

（2）SuperX 飞控系统的功能和特性

① 支持三种飞行模式，即手动模式、姿态模式和 GPS 姿态模式。

② 辅助定高。

③ 安全模式下多种安全选项，其中包括自动返航（失控返航或一键返航）

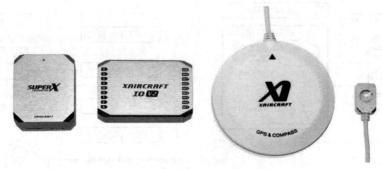

图 2-39　SuperX 飞控系统的构成

和自动降落等。

④ 内置绿色调节参数软件，无需安装驱动和软件。

⑤ 可进行模块扩展。

⑥ 固件可升级。

（3）SuperX 飞控系统技术参数　SuperX 飞控系统技术参数见表 2-11，模块参数见表 2-12。

表 2-11　SuperX 飞控系统技术参数

功能特性	描述
输出特性	电子调速器控制频率为 333Hz，默认为标准电调；可设置为 UltraPWM 输出；舵机控制频率为 100Hz
悬停精度	垂直方向为 ±1.0m，水平方向为 ±2.0m
抗风能力/(m/s)	<8(28.8km/h)
最大尾舵角速度/[(°)/s]	200
最大倾斜角度/(°)	35
最大升降速度/(m/s)	±6
工作环境要求/℃	-10~55
遥控器要求	PCM 或 2.4GHz，至少 5 通道
调参软件	仅支持 Windows 系统

表 2-12　SuperX 飞控系统模块参数

产品模块	电气特性	质量/g	尺寸/mm
飞行控制器	工作电压：5.7~6.0V 功耗：最大 3.5W(0.6A/5.8V)；普通 0.6W(0.1A/5.8V)	65	长×宽×高= 42.1×34.2×27.9
IO 输入输出模块	输入：11.1~28V。输出：5.8V，≤3A。 功耗：最大 3W(120mA/25.2V)；普通 0.13W(5mA/25.2V)	35	长×宽×高= 56×37.5×17.44

续表

产品模块	电气特性	质量/g	尺寸/mm
GPS 模块	4.8～6.0V	58	直径:74.4 高:11.35
LED 指示灯模块	功率:3W	6.4	长×宽×高＝ 16.9×12.11×7

（4）SuperX 飞控系统 IO 模块端口说明　SuperX 飞控系统 IO 模块端口说明如图 2-40 所示。

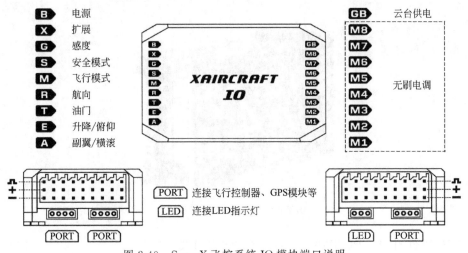

图 2-40　SuperX 飞控系统 IO 模块端口说明

（5）SuperX 飞控系统连接　SuperX 飞控系统连接图如图 2-41 所示，将飞行控制器、GPS 模块和 LED 指示灯模块连接到 IO 模块上，飞行控制器和 GPS 可连接到任意一个 4 针 Port 口上。飞行控制器尽可能安装在多旋翼无人机的重心位置；小三角标志尖角朝机头方向。GPS 模块必须水平安装，位置高于其他电子设备；小三角标志尖角朝机头方向；与飞行控制器的水平距离尽可能小；远离电动机及其他电子设备。

5. 零度飞控板

YS-X4 零度飞控板如图 2-42 所示，它是一款面向商用及工业用多旋翼平台的专业化的飞控板，安装简单，设置快捷，性能稳定。

（1）零度飞控板的特点　YS-X4 零度飞控板具有以下特点。

① 支持机架类型　四轴 X 字形、四轴十字形、六轴 X 字形、六轴十字形、八轴 X 字形、八轴十字形、六轴倒 Y 字形、六轴正 Y 字形、四轴 X 字形 8 个电动机等。

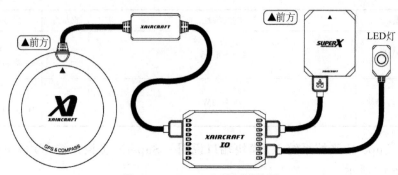

图 2-41　SuperX 飞控板连接图

图 2-42　YS-X4 零度飞控板

② 固件升级　PC 升级（标配 USB 转串口线）。

③ 控制方式　遥控器控制/手机控制。

④ 调节参数方式　PC /平板/手机地面控制站软件。

⑤ 工作模式　手动增稳、自动悬停、自动导航、返航降落。

⑥ 状态指示　LED。

⑦ 安全措施　失控返航、"黑匣子"等。

⑧ 云台　舵机云台。

⑨ 接收机　普通接收机、S-Bus 接收机、PPM 接收机。

（2）零度飞控板接线图　零度飞控板接线图如图 2-43 所示。

6. NAZA 飞控板

NAZA 飞控板如图 2-44 所示，它是为多旋翼无人机爱好者们开发的一种自动飞行系统。NAZA 自动飞行系统可以实现姿态稳定和高度锁定功能，可广泛应用于休闲娱乐、航拍以及 FPV 等航模运动中。

（1）NAZA 飞控板的功能

① 多选控制模式，为手动模式、姿态模式、GPS 模式。

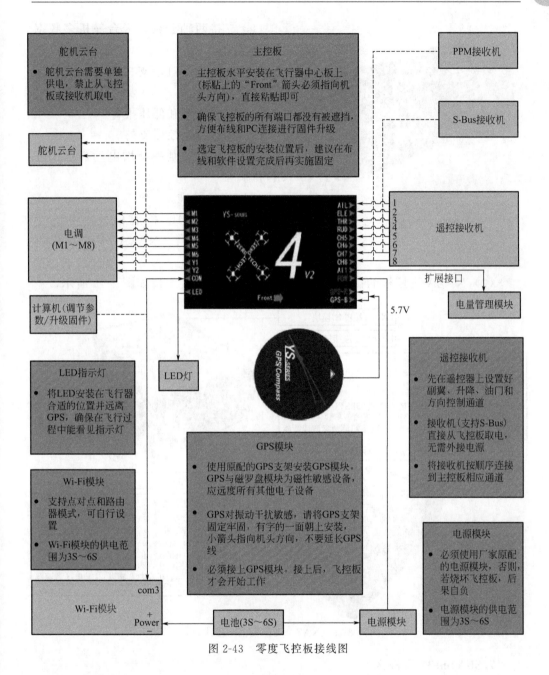

图 2-43 零度飞控板接线图

② 智能方向控制，为航向锁定/返航点锁定。

③ 适合四旋翼十字形、四旋翼 X 字形、六旋翼十字形、六旋翼 X 字形、八旋翼十字形、八旋翼 X 字形等。

④ 掰杆启动，停止类型分为立即模式和智能模式。

⑤ 远程调节参数。

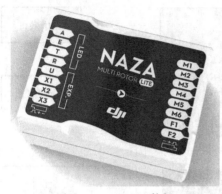

图 2-44　NAZA 飞控板

⑥ 支持两轴云台，云台舵机多频率支持。

⑦ D-Bus 接口，支持 S-Bus 接收机和 PPM 接收机。

⑧ 电压检测和低压报警。

⑨ 四通道遥控器支持。

⑩ 电动机调制中新增电动机怠速五级可调。

⑪ IMU 校准。

⑫ 支持 PMU 扩展模块，可支持 IOSD H3-2D 云台、NAZA-M BTU 模块等设备。

（2）NAZA 飞控板的接线口　NAZA 飞控板主要接线口如图 2-45 所示。

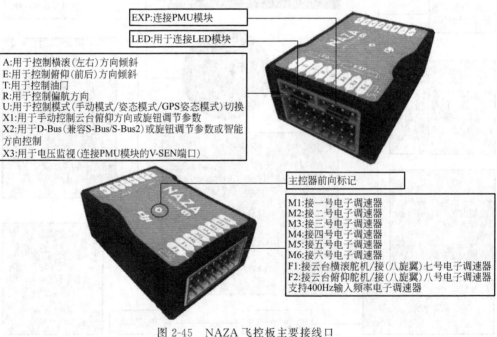

图 2-45　NAZA 飞控板主要接线口

7. SKYline32 飞控板

SKYline32 飞控板如图 2-46 所示，它是一款专为穿越机爱好者设计的极具性价比的开源飞控，它支持目前国际上主流的 Cleanflight 和 Baseflight 平台。

（1）SKYline32 飞控板的特点

① 产品规格　SKYline32＋OSD（35mm×35mm×5mm）。

② 质量　SKYline32，简版 4.8g，完整版 4.9g；SKYline32＋OSD，简版

5.3g，完整版 5.4g。

③ 采用 32 位 ARM 微处理器，工作条件为 3.3V/72MHz。

④ 具有陀螺仪、气压计和磁罗盘传感器，另外还加有外部 Flash（用于记录数据）。

⑤ 支持手动模式（不选任何飞行模式）、角度模式、水平模式、有头模式、无头模式、定高模式等。

⑥ 支持三轴、四轴、六轴多种多轴配置。

⑦ 支持的 RC 输入有标准信号、CPPM（PPM SUM）信号、Spektrum 遥控信号。

图 2-46 SKYline32 飞控板

⑧ 具备低电压检测和低压报警功能。

⑨ 内置 FrSky 遥测转换器。

⑩ 集成 OSD 模块，仅限 SKYline32＋OSD 版本。

⑪ 支持 OLED 输入。

⑫ 可通过 Micro-USB 进行调节参数和固件升级。

⑬ 调节参数界面包括 Cleanflight-Configuration 和 Baseflight-Configuration。

⑭ GPS 定位/返航。

（2）SKYline32 飞控板接口 SKYline32 飞控板接口如图 2-47 所示。

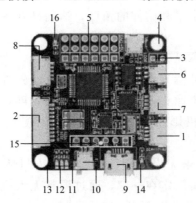

图 2-47 SKYline32 飞控板接口

1—串口通信接口；2—RC 输入信号接口；3—BOOT 焊盘；4—电池电压检测接口；5—ESC/伺服电动机接口；
6—蜂鸣器接口；7—IIC 接口；8—SWD 调试接口；9—Micro-USB 接口；10—FSY 接口；11—状态
指示灯；12—飞行模式指示灯；13—电源指示灯；14—OSD 模块电源指示灯；
15—OSD 模块串口；16—OSD 模块状态指示灯

飞控板的选择应综合考虑操控性能要求、特殊功能要求以及成本要求等。

第八节　多旋翼无人机机载设备

多旋翼无人机机载设备主要包括云台和任务设备（载荷）。不同厂家生产的无人机，其云台和任务设备是不同的。

一、云台

1. 云台的作用

云台的主要作用是隔绝载体的振动并在载体运动时保持相机的稳定，它主要通过传感器感知机身的动作，通过电动机驱动让相机保持原来的位置，抵消机身晃动或者振动的影响。云台主要考察的性能有增稳精度、兼容性（一款云台能适配几款相机和镜头）和转动范围（分为俯仰、横滚和旋转三个轴），如果遇到变焦相机，就更加考验云台的增稳精度，因为经过长距离的变焦，一点点轻微的振动都会让画面抖动得很严重。

航拍云台主要由无刷电动机驱动，在俯仰、横滚和旋转三个轴向对相机进行增稳，可搭载的摄影器材从小摄像头到 GoPro，再到微单/无反相机，甚至全画幅单反以及专业摄像机都可以。摄影器材越大，云台就越大，相应的机架也就越大。

2. 云台的类型

云台可分为固定云台和电动可调节云台两种。

（1）固定云台　固定云台适用于监视范围不大的情况，在固定云台上安装好相机后可调整相机的水平和俯仰的角度，达到最好的工作姿态后只要锁定调整机构即可。

一般的军事用固定翼无人机所采用的拍摄云台，大多数是固定云台，垂直向地面拍摄，没有运动补偿等稳定画面的装置，而先进的军事侦察用的无人机中，加入了球形监视器摄像头，能够360°地调整角度，优点是能够保持机身气流的流畅性，全方位拍摄影相，缺点是画面清晰度较差以及调整角度并不太灵敏。

在2012年前后，娱乐无人机刚面世时，无人机所采用的航拍云台都是固定云台，将相机与无人机固定在一起，通过调整无人机的角度，调整航拍时的视角。固定云台的优点是能够降低成本，减轻重量，省电，从而提高飞行时间；缺点也非常明显，就是航拍画质较差，无法改变视角。

（2）电动可调节云台　电动可调节云台适用于对大范围进行扫描监视，它可以扩大相机的监视范围。电动可调节云台高速姿态是由两台执行电动机实现的，电动机接收来自控制器的信号精确地进行定位。在控制信号的作用下，云台上的相机既可自动扫描监视区域，也可在监控中心值班人员的操控下跟踪监视对象。云台根据其回转的特点可分为只能左右旋转的水平旋转云台和既能左右旋转又能上下旋转的全方位云台。在无人机应用上，电动可调节云台又可以细分为三轴的和两轴的。

三轴稳定航拍云台是在微型陀螺仪的技术成熟后才诞生的。三轴稳定航拍云台是现在主流航拍无人机所采用的航拍防抖云台，如图 2-48 所示，它的优点是对航拍时的画面保持全方位的稳定，保证画面清晰；而缺点是工程造价较贵，由于通过电动机控制，所以相对会耗电，降低航拍的续航时间。

图 2-48　三轴稳定航拍云台

两轴稳定航拍云台是三轴稳定航拍云台的缩减版，在市场上一些定位在低端产品的无人机大量采用两轴稳定航拍云台，原因是两轴稳定器能够降低成本，省去了垂直方向上的稳定补偿，对耗电也会有所帮助。大多航拍用的无人机都是轴对称的结构，而轴对称结构在垂直方向上的晃动都不是太严重。两轴航拍稳定云台的优点是价格便宜，拍摄效果还可以接受，而缺点也是耗电，影响续航时间，同时在无人机剧烈运动的时候，视频拍摄不能平滑过渡。

图 2-49　Stella 两轴稳定航拍云台

如图 2-49 所示为 Stella 两轴稳定航拍云台，其具有以下功能。

① 两种安装方式　可吊装，也可倒装。

② 双控制模式　摇杆速率/摇杆位置。

③ 一键正射功能，俯仰 90°一键切换。

④ 内置 GoPro USB 接口，可将视频信号输出到 OSD 或图传。

⑤ 飞行中可对 GoPro 相机进行充电。

⑥ 内置绿色调节参数软件，不需安装任何驱动，可升级固件。

Stella 两轴稳定航拍云台技术参数见表 2-13。

表 2-13　Stella 两轴稳定航拍云台技术参数

功能特性	描述
适用拍摄设备	GoPro Hero3/GoPro Hero 3+
抗风能力/(m/s)	<8(28.8km/h)
最大可控制角	−10°～10°(横滚)；−110°～20°(俯仰)

续表

功能特性	描述
姿态控制精度/(°)	0.08
工作环境要求/℃	−10~55
遥控器要求	标准接收机或 S-Bus 接收机
调节参数软件	仅支持 Windows 系统
电器特性	工作电压：DC10.5~22.2V(3S~6S) 功耗：最大 10.2W(0.85A/12.0V)，为相机充电时； 普通 3.0W(0.25A/12.0V)
质量/g	120(空机)/195(加载 GoPro3 相机)
最大尺寸(长×宽×高)/mm	83.5×83.5×92.5

Stella 两轴稳定航拍云台有以下三种工作模式。

① 速率模式　速率模式是云台默认的工作模式。遥控器的操控杆控制云台以一定速度持续转动，松开操控杆时云台停止转动。

② 位置模式　遥控器的操控杆控制云台转动到一定角度，松开操控杆时云台回到初始角度。

③ 一键正射　进入该模式时，云台进行垂直拍摄，速率模式和位置模式均不可用。

二、任务设备

根据客户的需要，可选配不同类型的设备。对于航拍无人机，可以搭载各种数码相机，完成不同的拍摄任务。无人机应用的相机类型比较多，如数码相机、运动相机、变焦日夜两用型摄像机、超轻型日光彩色摄像机、微光摄像机、红外热成像摄像机等。

1. Canon5DMarKⅡ 单反数码相机

Canon5DMarKⅡ 单反数码相机如图 2-50 所示，它具有以下特点。

① 采用佳能自主研发的 35mm 全画幅 CMOS 图像感应器，实现了约 2110 万有效像素的高画质。

② 配备了更高速、更高画质的新一代数字影像处理器 DIGIC。

③ 拥有约 2110 万有效像素、约 3.9

图 2-50　Canon5DMarKⅡ单反数码相机

张/s 的高画质、高速连拍性能。

④ 高速高精度的 9 个自动对焦点加 6 个辅助对焦点，可快速、精准地捕捉被摄体。

⑤ 视野率约为 98％ 的全新取景器。

2. NikonD800E 单反数码相机

NikonD800E 单反数码相机如图 2-51 所示，它具有以下特点。

① 搭载尼康 FX 格式 CMOS 图像传感器，具备 3630 万有效像素。

② 感光度可达到 50～25600。

③ 14 位 A/D 转换和 16 位图像处理带来丰富的色调和自然的色彩。

图 2-51　NikonD800E 单反数码相机

④ 进一步改善的高速、多功能、高性能图像处理工具 EXPEED3。

⑤ 玻璃五棱镜取景器具有约 100％ 的视野率以及约 0.7 倍的放大倍数。

⑥ 快门速度高达 1/8000s，闪光同步已达 1/250s。

3. GoPro 运动相机

GoPro Hero3 运动相机如图 2-52 所示，它的尺寸只有 58mm×40mm×21mm，身形小巧但功能强大，最高端的黑色版本拥有 1200 万像素传感器、F2.8 镜头，可以拍摄 12fps 4K（超高清）、30fps 2.7K、48/30fps 1080p、100fps 960p、120fps 720p、240fps 480p 的各种规格视频，并且支持 64GB microSD 卡扩展、HDMI/USB 2.0 输出、Wi-Fi，深度防水，1050mA•h

图 2-52　GoPro Hero3 运动相机

电池，搭配遥控器可在 180m 范围内控制最多 30 台。目前已成为多旋翼无人机主流航拍设备。

4. 变焦日夜两用型摄像机

日夜两用型摄像机是指在白天和晚上都能使用的摄像机，或者说在白天和晚上都能输出有效视频信号的摄像机。

如图 2-53 所示为变焦日夜两用型摄像机，可搭载无人机上用于武警与公安部门空中监视侦察。它采用 540TVL、1/3in SONY CCD（3172＋639BK）、原装进口日

图 2-53　变焦日夜两用型摄像机

本长野 23 倍 1/3 自动聚焦镜头，其通光量更加体现其产品的优秀特点；采用切换滤光片设计，白天色彩还原更真实，晚上照度更低，效果更理想、更清晰。

5. 超轻型日光彩色摄像机

如图 2-54 所示为无人机搭载用的超轻型日光彩色摄像机，它采用

540TVL、1/3in SONY CCD，没有自带存储功能，必须有相应的视频捕捉器和软件才能将视频存储在计算机里，工作时不需要独立的电源，和它对应的云台没有抑制横滚的功能。

超轻型日光彩色摄像机所配镜头的焦距是固定的，但它有一套附属的镜头组，有 10 个不同焦距的镜头，用户可根据不同的拍摄需要进行更换，如图 2-55 所示。

图 2-54　无人机搭载用的超轻型日光彩色摄像机　图 2-55　超轻型日光彩色摄像机附属镜头组

6. 微光摄像机

如图 2-56 所示为无人机搭载用的微光摄像机，它是专门用来拍摄月光或城市夜间等低照度条件下影像的，其解析度达到 570TV-line，灵敏度高达 0.0005Lux，效果近乎于夜视摄像机。微光摄像机的镜头也是固定的，也不需要独立的供电电源，必须有相应的视频捕捉器和软件才能将视频存储在计算机里。

7. 红外热成像摄像机

如图 2-57 所示为无人机搭载用的红外热成像摄像机，它由结构系统、图像处理采集外围系统、结合氧化钒高端非制冷焦平面探测器制成，该设备选用优质的材料和一流的制造工艺，具有技术成熟、灵敏度高、功耗低、计算机接口标准灵活、功能强大、性能稳定、全天候工作、无需补偿、系统的电磁兼容及环境温度极好等特点。

图 2-56　无人机搭载用的微光摄像机　　　图 2-57　无人机搭载用的红外热成像摄像机

第九节　多旋翼无人机图传设备

多旋翼无人机图传设备主要由发射端、接收端和显示端三部分组成，如图 2-58 所示。

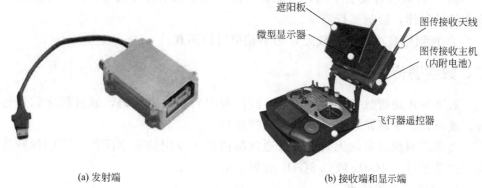

(a) 发射端　　　　　　　　　　　　　　　　(b) 接收端和显示端

图 2-58　多旋翼无人机图传设备

图传设备主要有模拟图传和数字图传两种。

一、模拟图传

模拟图传是指对时间、空间和幅度连续变化的模拟图像信号做信源和信道处理，通过模拟信道传输或通过模拟记录装置实现存储的过程。一般用扫描拾取图像信息和压缩频带等信源处理方法得到图像基带信号，再用预均衡、调制等信道处理方法形成图像通带信号。

早期的图传设备采用的都是模拟制式，它的特点是只要图传发射端和接收端工作在一个频段上，就可以收到画面。

1. 模拟图传的优点

① 模拟图传可以同时接收多个视频信号，只要接收端的频率和发射端一致，就可以接收到视频信号，方便多人观看。

② 搭配不同的天线可实现不同的接收效果。

③ 工作距离较远，以常用的 600mW 图传发射为例，开阔的工作距离在 2km 以上。

④ 配合无信号时显示雪花的显示屏，在信号微弱时，也能勉强判断无人机姿态。

⑤ 视频信号基本没有延迟，适合低空高速无人机使用。

2. 模拟图传的缺点

① 图像的发射和接收质量与天线的质量密切相关，新手选择困难。

② 模拟图传易受到同频干扰,两个发射端的频率若接近时,很有可能导致本机的视频信号被别人的图传信号插入,导致无人机丢失。

③ 接线、安装、调试需要一定经验,对于新手而言增加学习成本。

④ 无人机飞行时安装连接天线、接收端电池、显示器支架等过程烦琐。

⑤ 模拟图传发射端通常安装在机身外,影响无人机的美观。

⑥ 图传天线若安装不当,可能在有的飞行姿态下会被机身遮挡,导致此时接收信号欠佳,影响飞行安全。

⑦ 视频带宽小,画质较差,影响拍摄时的感观。

二、数字图传

数字图传是指数字化的图像信号经信源编码和信道编码,通过数字信道传输,或通过数字存储、记录装置存储的过程。

现在厂商所开发的无人机系统通常都搭载了专用的数字图传,它的视频传输方式是通过 2.4GHz 或 5.8GHz 的数字信号进行。

1. 数字图传的优点

① 使用方便,通常只需在遥控器上安装手机或平板电脑作为显示器即可。

② 中高端产品的图像传输质量较高,分辨率可达 720p 甚至 1080p。

③ 中高端产品的传输距离也可达 2km,与普通模拟图传相媲美。

④ 实时回看拍摄的照片和视频方便。

⑤ 集成在机身内,可靠性较高,一体化设计较为美观。

2. 数字图传的缺点

① 中高端产品的价格较高。

② 低端产品的有效距离短,图像延迟问题非常严重,影响飞行体验和远距离飞行安全。

③ 普通手机和平板电脑在没有配备遮光罩的情况下,在室外环境飞行时,较低的屏幕亮度使得操作者难以看清画面。

④ 限于厂商实力和研发成本,不同的数字图传对手机或平板电脑作为显示器的兼容性没有充分验证,某些型号可能适配较差。

3. 数字图传的工作过程

无人机上挂载的视频拍摄装置将采集的视频信号传到安装在无人机上的图传信号发送器,然后由图传信号发送器的 2.4GHz 无线信号(市面上单卖的无人机图传套件有 1.2GHz、2.4GHz、5.8GHz 频段可选,抗干扰能力、带宽各有不同)传送到地面的接收系统,由接收系统再通过 HDMI 传输到显示器或平板电脑上,或者是通过 USB 传输到手机或平板电脑上。操控者就能实时地监控到无人机航拍的图像。

安装了具备中继功能的微型图传设备的无人机,在进行航拍的同时,可将航拍图像、前端单兵或车载图像通过中继接力传输至后端指挥中心，如图 2-59 所示。

图 2-59　无人机中图传设备的应用

第十节　多旋翼无人机遥控器

目前多旋翼无人机遥控装置主要有遥控器、手机和腕表等，如图 2-60 所示，其中遥控器是主流。

(a) 遥控器控制　　　　　(b) 手机控制　　　　　(c) 腕表控制

图 2-60　多旋翼无人机遥控装置

2.4GHz 遥控器是目前主流的遥控装置，常见的有 6 通道、7 通道、8 通道、9 通道和 12 通道。每一通道在遥控器上都能找到相应的控制部分，这些通道用于控制无人机实现不同的功能。

无人机遥控器有很多品牌，如天地飞、华科尔、JR 和 Futaba 等，可以根据实际需要进行选择。对于品牌无人机，其遥控器一般是单独开发的。使用遥控器之前，要仔细阅读其使用说明书。

一、遥控器的常用术语

（1）通道　通道就是遥控器可以控制的动作路数，比如遥控器只能控制四轴上下飞，那么就是 1 个通道。但四轴在控制过程中需要控制的动作路数有上下、左右、前后、旋转，所以最低需要 4 通道遥控器。

（2）油门　遥控器油门是指在无人机中控制供电电流大小，电流大，电动机转得快，飞得高，力量大。

（3）美国手、日本手和中国手　这三种类型的遥控器只是根据不同人的习惯而变换了两个摇杆不同的位置，如图 2-61 所示，美国手、日本手和中国手只是在方向舵、加减油门、升降舵、副翼的位置上由于个人习惯的不同而位置不同，使用者可以根据自己的习惯进行选择。

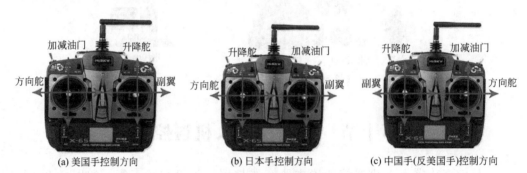

(a) 美国手控制方向　　　(b) 日本手控制方向　　　(c) 中国手(反美国手)控制方向

图 2-61　美国手、日本手和中国手

二、遥控器的功能

遥控器是人与无人机之间的连接设备，遥控器的操控性很大程度上影响无人机的飞行状态，同时，操控者的操控水平也会影响无人机的飞行状态。

三、遥控器部件名称

遥控器分为发射机和接收机，发射机握持在使用者的手中，接收机安装在多旋翼无人机上以接收发射机的信号。

天地飞 WFT07 是 7 通道遥控器，发射机各部分名称如图 2-62 所示。

图 2-62 中，K1 代表两挡位，油门锁定，油门熄火；K2 代表三挡位，定时器，5 通道；K3 代表两挡位，大小动作，飞行模式；K4 代表 7 通道。

7 通道 2.4GHz 接收机如图 2-63 所示，其外形尺寸（长×宽×高）为 40.42mm×27.27mm×11.88mm，电压为 4.8～6V，电流为 30mA，频率为 2.400～2.483GHz，质量为 9.6g。

该遥控器主要用于控制直升飞机和固定翼航模，各通道名称与多旋翼无人机所需要的不匹配，比如，多旋翼无人机没有副翼、起落架、螺距这一说。所以，当该遥控器应用于多旋翼无人机的时候，各通道名称需适当修改，不过这个问题不大，很容易解决，自行重新定义各通道的作用使其符合多旋翼无人机的使用规律即可。

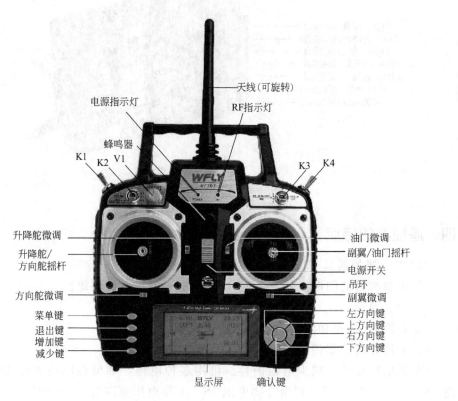

电源指示灯
天线(可旋转)
RF指示灯
蜂鸣器
K1 K2 V1
K3 K4

升降舵微调
油门微调
升降舵/
方向舵摇杆
副翼/油门摇杆
电源开关
方向舵微调
吊环
副翼微调
菜单键
左方向键
退出键
上方向键
增加键
右方向键
减少键
下方向键

显示屏
确认键

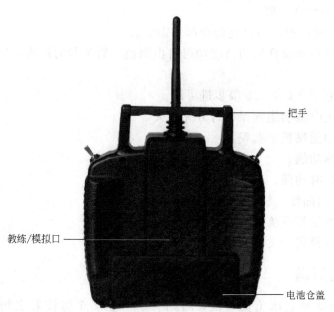

把手

教练/模拟口

电池仓盖

图 2-62 WFT07 遥控器发射机各部分名称

AIL：副翼(第1通道)
ELE：升降舵(第2通道)
THR：油门(第3通道)
RUD：方向舵(第4通道)
GRY：起落架(第5通道)
PIT：螺距(第6通道)
辅助通道(第7通道)

图 2-63　7 通道 2.4GHz 接收机

注意通道均可作为电源输入

四、遥控器的特点

WFT07 遥控器具有以下特点。

① 大型醒目的图形点阵液晶 LCD 显示屏，操控方便快捷。

② 中文显示。

③ WFT07 为多功能的 7 通道比例遥控器。

④ 采用总线数据传输，极大提升了操控敏捷度。

⑤ 低电压设计，减少电池消耗。可用多种电池，如碱性电池 4S、镍氢电池 4S、锂离子电池 1S、锂聚合物电池 1S。工作电压范围为 3.7～6V。

⑥ 10 组机型数据存储。

⑦ 3 组可编程混控，满足复杂动作的需要。

⑧ 操控杆的松紧及杆头的高度均可自由调整。新形状的杆头，使其具有良好的手感。

⑨ 数字式电子微调，250 级步进可调。

⑩ 完备的定时器功能确保飞行万无一失。

⑪ 监视器功能操控更直观。

⑫ 配备教练功能。

⑬ 完善的计时功能。

⑭ 多达 11 组曲线，轻松应付高难度动作。

⑮ 配备多组混控系统，可调设 9 个点的曲线。

⑯ 多种飞行模式，飞行轻松自如。

五、遥控器的对码

由于 2.4GHz 是全球免费频段，因此为了防止多个遥控器之间的相互干扰，在使用前需要进行发射机和接收机的对码操作。具体来说，则是接通接收机和发射机电源之后进行的一系列操作，以便使接收机和发射机之间存在信号的验证，避免干扰。

1. 对码操作注意事项

① 遥控器和接收机距离一般小于 1m。

② 遥控器在模拟器模式下（RF 灯关闭）无法进行对码操作。

③ 附近没有其他天地飞 2.4GHz 系统正在进行对码操作。

④ 附近没有高压电线、电视塔、移动基站等高频高压干扰源。

⑤ 进行对码的过程中，如需退出对码，请长按退出键（EXIT）即可。

2. 对码操作步骤

① 接收机通电后长按对码键（SET 按键，3～4s），橙色灯慢速闪烁，等待发射机对码信号。

② 发射机进入菜单。"参数设置"→"高级设置"→"对码"，点击"对码"使发射机进入对码状态。

③ 发射机绿灯长亮，接收机指示灯灭，则表明对码成功。

第三章

多旋翼无人机飞行理论

第一节 多旋翼无人机坐标系

为了描述多旋翼无人机在空中的飞行运动，需要建立坐标系。坐标系选取是否合理将会影响无人机运动参数的定义和描述，也会进一步影响到无人机导航和控制过程的实现。

四旋翼无人机的运动包含了三个轴向的线运动和绕三个轴向的角运动。因此，为了描述无人机在空间范围内的位置、姿态、速度等信息量，必须选择合理的坐标系，且数量不少于两个。这里建立两个坐标系，分别为地理坐标系和机体坐标系。

一、地理坐标系

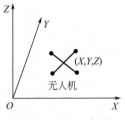

图 3-1 地理坐标系

地理坐标系 E 用于研究多旋翼无人机相对于地面的运动状态，确定机体的空间位置坐标，如图 3-1 所示。地理坐标系的原点 O 为多旋翼无人机的起飞点，OX 轴指向地球东向，OY 轴指向地球北向，OZ 轴由右手准则确定，垂直于地平面向上，无人机的位置 (X, Y, Z) 即为无人机重心相对于地理坐标系的坐标值。由于多旋翼无人机的运动范围很小，远远小于地球半径，因此在描述无人机的姿态和角速度等运动信息时，通常不考虑地球的曲率，即将地球表面假设成一个平面。

二、机体坐标系

机体坐标系 B 固定在机体上，其原点与多旋翼无人机的重心重合。根据机体坐标系与机臂的相对方向不同，无人机的飞行模式一般可分为十字模式和 X 字模式。在十字模式中，机体坐标系原点 o 位于机臂交叉中心，x 轴和 y 轴与机臂重合，z 轴垂直于机体平面指向飞行上方，如图 3-2（a）所示；将十字模式机体坐标系绕 z 轴旋转 45°，即得到 X 字模式机体坐标系，如图 3-2（b）所示。

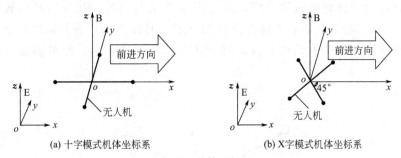

(a) 十字模式机体坐标系　　　　　(b) X字模式机体坐标系

图 3-2　机体坐标系

无人机的姿态通过机体绕 x 轴、y 轴、z 轴的转动角进行描述。从图 3-2 可以看出，根据机体坐标系的建立方式不同，其姿态控制的过程也将不一样。在多旋翼无人机的运动过程中，机体坐标系与多旋翼无人机始终固连，用于确定无人机在空中的姿态信息。

对于姿态测量来说，两种飞行模式差别不大。在理论分析和建模方面，无人机在十字模式下进行纵向和横向运动时，各只有两个电动机和旋翼参与，较为简单和便捷。但从理论上来讲，如果四个电动机的特性一致并且旋翼也完美平衡，则 X 字模式要比十字模式有优势，因为在 X 字模式下，无人机纵向和横向的运动同时由四个电动机完成，力矩明显变大，可控裕度增加。

第二节　多旋翼无人机飞行原理

多旋翼无人机是一种能够垂直起降的飞行器，系统一般采用模块化设计，通过采集回来的陀螺仪、加速度传感器、磁罗盘传感器、气压传感器、GPS 等信息进行姿态检测和控制，采用无刷电动机作为动力引擎，并通过电调进行转速控制，从而实现稳定飞行功能，完成多种任务。

下面以四旋翼无人机为例，说明其飞行原理。

四旋翼无人机的运动状态主要通过机体坐标系 $oxyz$ 中 x 轴、y 轴、z 轴上的平动和绕 x 轴、y 轴、z 轴的转动来描述。其中，绕机体坐标系 $oxyz$ 中 x 轴、y 轴、z 轴的转动分别称为横滚运动、俯仰运动和偏航运动，转动角分别称为横滚角、俯仰角和偏航角；沿机体坐标系 $oxyz$ 中 x 轴、y 轴、z 轴方向上的平动分别称为前后运动、左右运动和升降运动。

一、X 字模式下无人机的飞行原理

X 字模式下四旋翼无人机受力示意图如图 3-3 所示。四旋翼无人机通过控制电动机 1~4 带动螺旋桨旋转，提供无人机升力 F_1、F_2、F_3、F_4。由于电动机和螺旋桨的旋转运动会对机体本身产生反转矩 T_1、T_2、T_3、T_4，若四个电动机同向转动则将导致机体自旋，因此需要采用电动机 1 和 3 逆时针转动（或顺时针转动）、电动机 2 和 4 顺时针转动（或逆时针转动）的方向进行反转矩的对消。通过控制各个电动机的转速改变升力和转矩的大小，即可实现不同的运动状态。

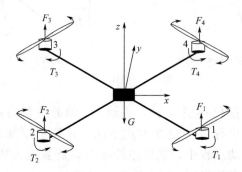

图 3-3　X 字模式下四旋翼无人机受力示意图

1. 升降运动

无人机克服自身重力进行上升和下降的运动是其最基本的功能，四旋翼无人机升降运动是指无人机在地理坐标系 Z 轴上的上下平移运动，X 字模式下无人机的升降运动示意图如图 3-4 所示。

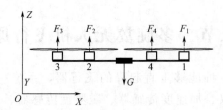

图 3-4　X 字模式下无人机的升降运动示意图

设无人机四个旋翼产生的升力分别为 F_1、F_2、F_3、F_4，它们满足

$$F_1 = F_2 = F_3 = F_4$$
$$F_1 + F_2 + F_3 + F_4 = F$$

(3-1)

式中，F 为无人机总升力。

若无人机受到的总升力大于无人机自身重力，则无人机做垂直上升运动；若无人机受到的总升力小于无人机自身重力，则无人机做垂直下降

运动；若无人机受到的总升力等于无人机自身重力，则无人机处于悬停状态。

2. 俯仰运动

X字模式下无人机的俯仰运动示意图如图3-5所示，以无人机机体坐标系 x 轴正方向为无人机前进方向，俯仰运动是指绕机体坐标系 y 轴的转动。

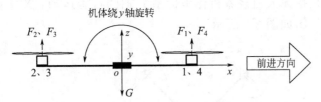

图 3-5　X字模式下无人机的俯仰运动示意图

在无人机平稳飞行的前提下，通过改变电动机的转速，使得升力 F_1、F_2、F_3、F_4 满足

$$F_1 = F_4$$
$$F_2 = F_3$$

(3-2)

若 $F_2 + F_3 > F_1 + F_4$，则无人机在转矩的作用下将绕着 y 轴产生顺时针旋转，即俯仰运动；若 $F_2 + F_3 < F_1 + F_4$，则无人机在转矩的作用下将绕着 y 轴产生逆时针旋转，将实现仰转运动。

3. 横滚运动

X字模式下无人机的横滚运动示意图如图3-6所示，与俯仰运动相似，横滚运动是指无人机绕机体坐标系 x 轴的转动。

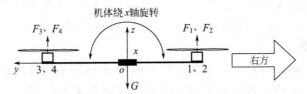

图 3-6　X字模式下无人机的横滚运动示意图

在无人机平稳飞行的前提下，通过改变电动机转速，使得升力 F_1、F_2、F_3、F_4 满足

$$F_1 = F_2$$
$$F_3 = F_4$$

(3-3)

若 $F_3 + F_4 > F_1 + F_2$，则无人机在转矩的作用下将绕着 x 轴产生顺时针旋转，即右横滚运动；若 $F_3 + F_4 < F_1 + F_2$，则无人机在转矩的作用下将绕着 x 轴产生逆时针旋转，将实现左横滚运动。

4. 偏航运动

旋翼转动过程中由于空气阻力作用会形成与转动方向相反的反转矩，为了克服反转矩影响，可使四个旋翼中的两个正转，两个反转，且对角线上的各个旋翼转动方向相同。反转矩的大小与旋翼转速有关，当四个电动机转速相同时，四个旋翼产生的反转矩相互平衡，四旋翼无人机不发生转动；当四个电动机转速不完全相同时，不平衡的反转矩会引起四旋翼无人机转动。

偏航运动是指无人机绕着机体坐标系 z 轴的自旋运动，X 字模式下无人机的偏航运动示意图如图 3-7 所示。

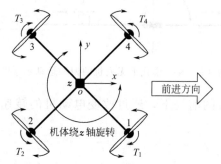

图 3-7   X 字模式下无人机的偏航运动示意图

假设电动机 1、3 逆时针转动，电动机 2、4 顺时针转动，各电动机和螺旋桨产生的反转矩分别为 T_1、T_2、T_3、T_4，并满足以下关系

$$T_1 = T_3$$
$$T_2 = T_4$$

(3-4)

若 $T_1 + T_3 > T_2 + T_4$，则无人机所受顺时针转矩大于逆时针转矩，无人机将发生顺时针旋转偏航运动；若 $T_1 + T_3 < T_2 + T_4$，则无人机将发生逆时针旋转偏航运动。

5. 前后运动

四旋翼无人机前后运动是指无人机在前后方向发生位移的运动，X 字模式下无人机的前后运动示意图如图 3-8 所示。四旋翼无人机在不受外力影响的理想情况下，其水平运动的位移与初始运动速度成正比，若初始运动速度为零，则无人机将保持静止。但在实际运行中，空气的扰动和姿态控制的误差将会导致无人机的水平漂移。通过改变前后方向的姿态角即俯仰角，可以提供水平方向的分力，对前后位移进行修正和控制。

如图 3-9 所示，若无人机所受重力为 G，通过控制电动机使得当前俯仰角为 θ，且旋翼提供的合升力 F 满足

$$F\cos\theta = G$$

(3-5)

无人机所受的水平分力为

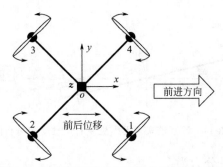

图 3-8　X 字模式下无人机的前后运动示意图

$$F_x = F\sin\theta \tag{3-6}$$

无人机在没有外力干扰的情况下，将在水平分力的作用下，沿前进方向做加速运动。

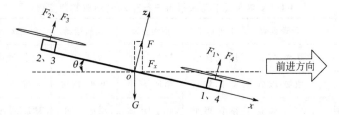

图 3-9　X 字模式下无人机的前后运动受力分析图

6. 左右运动

四旋翼无人机左右运动是指无人机在左右方向发生位移的运动，X 字模式下无人机的左右运动示意图如图 3-10 所示。通过改变左右方向的姿态角即横滚角，可以提供水平方向的分力，对左右位移进行修正和控制。

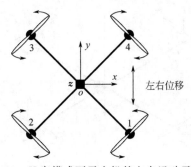

图 3-10　X 字模式下无人机的左右运动示意图

如图 3-11 所示，若无人机所受重力为 G，通过控制电动机使得当前横滚角为 ψ，且旋翼提供的合升力 F 满足

$$F\cos\psi = G \tag{3-7}$$

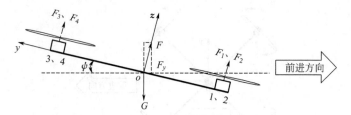

图 3-11　X 字模式下无人机左右运动受力分析图

无人机所受的水平分力为

$$F_y = F\sin\psi \tag{3-8}$$

无人机在没有外力干扰的情况下，将在水平分力的作用下，沿左右方向做加速运动。

X 字模式下无人机各飞行运动的旋翼转速变化见表 3-1。

表 3-1　X 字模式下无人机各飞行运动的旋翼转速变化

旋翼	旋转方向	升降运动	俯仰运动	横滚运动	偏航运动	前后运动	左右运动
1	逆时针	增加/减小	增加/减小	增加/减小	增加/减小	减小/增加	增加/减小
2	顺时针	增加/减小	减小/增加	增加/减小	减小/增加	不变	减小/增加
3	逆时针	增加/减小	减小/增加	减小/增加	增加/减小	增加/减小	减小/增加
4	顺时针	增加/减小	增加/减小	减小/增加	减小/增加	不变	增加/减小

二、十字模式下无人机的工作原理

十字模式下四旋翼无人机的受力示意图如图 3-12 所示。

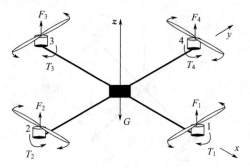

图 3-12　十字模式下四旋翼无人机的受力示意图

1. 升降运动

十字模式下无人机的升降运动示意图如图 3-13 所示，同时增加或减小四个电动机的转速，可以增加或减小四个旋翼的转速，进而改变施加于四旋翼无人机上的升力。当升力总和大于无人机自身重力时，无人机实现垂直上升的加速运动；当升力总和小于无人机自身重力时，无人机实现垂直下降的加速运动；当升力总和等于无人机自身重力时，无人机处于悬停状态。当无人机悬停时，四个螺旋桨拉力产生的横滚力矩、俯仰力矩、偏航力矩为零，四个螺旋桨反扭转效应均被抵消。

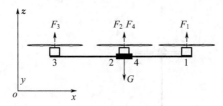

图 3-13　十字模式下无人机的升降运动示意图

2. 俯仰运动

十字模式下无人机的俯仰运动示意图如图 3-14 所示。电动机 1 的转速上升，电动机 3 的转速下降，改变量大小应相等，电动机 2 和电动机 4 的转速保持不变。由于旋翼 1 的升力上升，旋翼 3 的升力下降，产生的不平衡力矩使机身绕 y 轴旋转；同理，当电动机 1 的转速下降，电动机 3 的转速上升，机身便绕 y 轴向另一个方向旋转，实现无人机的俯仰运动。

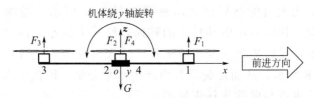

图 3-14　十字模式下无人机的俯仰运动示意图

3. 横滚运动

十字模式下无人机的横滚运动示意图如图 3-15 所示。改变电动机 2 和电动机 4 转速，保持电动机 1 和电动机 3 的转速不变，则可使机身绕 x 轴正向旋转或反向旋转，实现无人机的横滚运动。

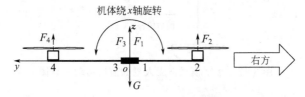

图 3-15　十字模式下无人机的横滚运动示意图

4. 偏航运动

十字模式下无人机的偏航运动示意图如图 3-16 所示。当电动机 1 和电动机 3 的转速上升，电动机 2 和电动机 4 的转速下降时，旋翼 1 和旋翼 3 对机身的反转矩大于旋翼 2 和旋翼 4 对机身的反转矩，机身便在富余反转矩的作用下绕 z 轴转动，实现无人机的偏航运动，转向与电动机 1 和电动机 3 的转向相反。

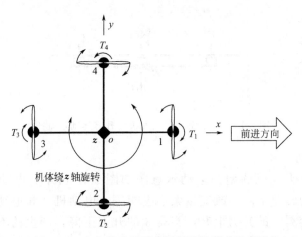

图 3-16   十字模式下无人机的偏航运动示意图

5. 前后运动

十字模式下无人机的前后运动示意图如图 3-17 所示。增加电动机 3 的转速，使升力增大，相应减小电动机 1 的转速，使升力减小，同时保持其他两个电动机转速不变，反转矩仍然要保持平衡。无人机发生一定程度的倾斜产生俯仰角，如图 3-18 所示，从而使旋翼升力产生水平分量，因此可以实现无人机的前飞运动。向后飞行与向前飞行正好相反。

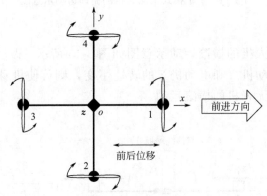

图 3-17   十字模式下无人机的前后运动示意图

6. 左右运动

十字模式下无人机的左右运动示意图如图 3-19 所示。当电动机 1 和电动机 3

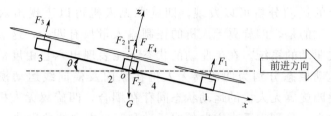

图 3-18　十字模式下无人机前后运动受力分析图

的转速不变，增大电动机 2 和电动机 4 中的一个电动机转速，减小另外一个电动机转速，使反转矩保持平衡。无人机发生一定程度的倾斜产生横滚角，如图 3-20 所示，从而使旋翼升力产生水平分量，因此可以实现无人机的左右运动。

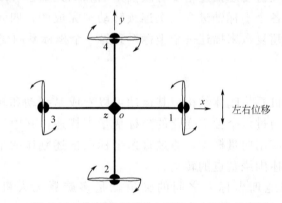

图 3-19　十字模式下无人机的左右运动示意图

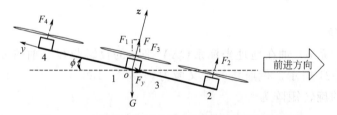

图 3-20　十字模式下无人机的左右运动受力分析图

十字模式下无人机各飞行运动的旋翼转速变化见表 3-2。

表 3-2　十字模式下无人机各飞行运动的旋翼转速变化

旋翼	旋转方向	升降运动	俯仰运动	横滚运动	偏航运动	前后运动	左右运动
1	逆时针	增加/减小	增加/减小	不变	增加/减小	减小/增加	不变
2	顺时针	增加/减小	不变	增加/减小	减小/增加	不变	减小/增加
3	逆时针	增加/减小	减小/增加	不变	增加/减小	增加/减小	不变
4	顺时针	增加/减小	不变	减小/增加	减小/增加	不变	增加/减小

通过以上的运动分析可以发现，四旋翼无人机可以表现出六自由度的运动，但需要注意的是，四旋翼无人机的控制输入量只有四个，这表明四旋翼无人机是一种欠驱动的系统。在欠驱动的状态下能表现出六自由度的原因是纵向和横向的角运动模态分别为四旋翼无人机在纵向及横向线运动模态的衍生模态，也就是说四旋翼无人机的运动状态间存在耦合，四旋翼无人机直接可控的自由度只有四个，分别为垂直方向的线运动和三个方向的角运动。

第三节　多旋翼无人机姿态描述

多旋翼无人机飞行姿态描述主要有欧拉角法和四元数法。欧拉角法的实现是通过围绕机体的各个坐标轴进行三次连续转动来完成的；四元数法是利用一个具有四个参数的超复数来描述一个坐标系到另一个坐标系的变换。

一、欧拉角法

将多旋翼无人机看作刚体结构，其运动可以看成是平动和转动的合成，则无人机的运动可以通过六个独立变化的坐标变量来描述，其中三个变量用来确定基点的位置，即应用向量概念，通过直角坐标系描述刚体的平面运动；另外三个变量则用来描述围绕基点的转动。

机体坐标系与地理坐标系之间的夹角就是多旋翼无人机的姿态角，又称欧拉角。欧拉角的选取并不是唯一的，不同的转动次序对应不同的欧拉角描述。

1. 偏航角

机体坐标系 ox 轴在地理坐标系 OXY 平面的投影与 OX 轴的夹角称为偏航角 ψ，如图 3-21 所示。偏航角的定义域为 $-180°\sim180°$。

偏航角的旋转矩阵为

$$R_z = \begin{bmatrix} \cos\psi & \sin\psi & 0 \\ -\sin\psi & \cos\psi & 0 \\ 0 & 0 & 1 \end{bmatrix} \tag{3-9}$$

2. 俯仰角

机体坐标系 ox 轴在地理坐标系 OXZ 平面的投影与 OX 轴的夹角称为俯仰角 θ，如图 3-22 所示。俯仰角的定义域为 $-90°\sim90°$。

俯仰角的旋转矩阵为

$$R_y = \begin{bmatrix} \cos\theta & 0 & -\sin\theta \\ 0 & 1 & 0 \\ \sin\theta & 0 & \cos\theta \end{bmatrix} \tag{3-10}$$

3. 横滚角

机体坐标系 oz 轴在地理坐标系 OYZ 平面的投影与 OZ 轴的夹角称为横滚角 ϕ，如图 3-23 所示。横滚角的定义域为 $-180°\sim180°$。

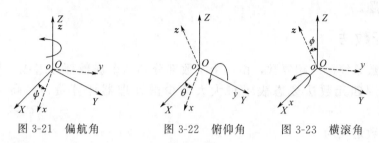

图 3-21　偏航角　　　　图 3-22　俯仰角　　　图 3-23　横滚角

横滚角的旋转矩阵为

$$R_x=\begin{bmatrix} 1 & 0 & 0 \\ 0 & \cos\phi & \sin\phi \\ 0 & -\sin\phi & \cos\phi \end{bmatrix} \tag{3-11}$$

初始条件下，无人机静止不动，地理坐标系与机体坐标系重合。当无人机开始飞行后，地理坐标系恒定不动，为固定坐标系；机体坐标系随着无人机运动而改变，为动坐标系。两个坐标系之间的转动关系可以利用方向余弦矩阵来表示。原始坐标系经过三次小角度转动，能得到与新机体坐标系重合的坐标系。这三次转动的角度分别为偏航角、俯仰角和横滚角。无人机的转动顺序为 z 轴→y 轴→x 轴。

由式（3-9）～式（3-11）可知，由地理坐标系到机体坐标系的变换旋转矩阵为

$$R_{\mathrm{E}}^{\mathrm{B}}=R_xR_yR_z$$

$$=\begin{bmatrix} \cos\psi\cos\theta & \sin\psi\cos\theta & -\sin\theta \\ \sin\phi\sin\theta\cos\psi-\cos\phi\sin\psi & \sin\phi\sin\theta\sin\psi+\cos\phi\cos\psi & \cos\theta\sin\phi \\ \cos\phi\sin\theta\cos\psi+\sin\phi\sin\psi & \cos\phi\sin\theta\sin\psi-\sin\phi\cos\psi & \cos\theta\cos\phi \end{bmatrix} \tag{3-12}$$

由机体坐标系到地理坐标系的变换可表示为

$$R_{\mathrm{B}}^{\mathrm{E}}=(R_{\mathrm{E}}^{\mathrm{B}})^T=R_z^TR_y^TR_x^T \tag{3-13}$$

机体坐标系到地理坐标系的变换旋转矩阵为

$$R_{\mathrm{B}}^{\mathrm{E}}=\begin{bmatrix} \cos\psi\cos\theta & \sin\phi\sin\theta\cos\psi-\cos\phi\sin\psi & \cos\phi\sin\theta\cos\psi+\sin\phi\sin\psi \\ \sin\psi\cos\theta & \sin\phi\sin\theta\sin\psi+\cos\phi\cos\psi & \cos\phi\sin\theta\sin\psi-\sin\phi\cos\psi \\ -\sin\theta & \cos\theta\sin\phi & \cos\theta\cos\phi \end{bmatrix} \tag{3-14}$$

利用方向余弦矩阵，通过欧拉角就能将无人机的机体坐标系与地理坐标系相互联系起来。又因为机体坐标系与无人机固连，所以也就确定了无人机的位置。通过转换矩阵，可以得到在地理坐标系中，安装在机体坐标系内的惯性传

感器所测得信息的数值。

由变换旋转矩阵可以看出，采用欧拉角方式进行姿态矩阵的描述，计算过程中三角函数较多，运算量较大，导致系统运行缓慢，而且欧拉角计算还存在奇异性问题。

二、四元数法

四元数是简单的超复数，由一个实数部分和三个虚数部分组成。与欧拉角相比，采用四元数法姿态表示可大大减少微处理器计算量，提高姿态解算速度。

四元数定义为

$$q = q_0 + q_1 i + q_2 j + q_3 k$$
$$q_0^2 + q_1^2 + q_2^2 + q_3^2 = 1$$

$$(3-15)$$

式中，q 为四元数；q_0 为实数；q_1、q_2、q_3 为三个虚数；i、j、k 为三个单位向量。

四元数可简单描述为刚体绕一定点的转动，即可以描述一个坐标或一个矢量相对某一坐标系的旋转，四元数可采用如下表现形式。

$$q = \cos\frac{\alpha}{2} + \sin\frac{\alpha}{2}\cos\beta_x i + \sin\frac{\alpha}{2}\cos\beta_y j + \sin\frac{\alpha}{2}\cos\beta_z k \qquad (3-16)$$

式中，α 为旋转角；$\cos\beta_x$、$\cos\beta_y$、$\cos\beta_z$ 分别为瞬时转动轴与参考坐标系轴间的方向余弦值。

对比式(3-15) 和式(3-16) 可得 $q_0 = \cos\frac{\alpha}{2}$，$q_1 = \sin\frac{\alpha}{2}\cos\beta_x$，$q_2 = \sin\frac{\alpha}{2}\cos\beta_y$，$q_3 = \sin\frac{\alpha}{2}\cos\beta_z$。

式(3-16) 描述了一种刚体绕定点转动的关系，当只关心机体坐标系与地理坐标系之间的角位置关系时，可以认为机体坐标系是通过地理坐标系经过无其他中间过程的一次性等效旋转而得到的，这时四元数具有这种等效旋转的全部信息，既表示了转轴的方向，又表示了转角的大小，其关系由下面的运算来实现，基本形式为

$$R^E = qR^B q^*$$

$$(3-17)$$

式中，R^E 为相对于地理坐标系的矢量；R^B 为相对于机体坐标系的矢量；q^* 为四元数 q 的共轭四元数。

由式(3-17) 可得

$$R^E = \begin{bmatrix} q_0^2 + q_1^2 - q_2^2 - q_3^2 & 2(q_1 q_2 - q_0 q_3) & 2(q_1 q_3 + q_0 q_2) \\ 2(q_1 q_2 + q_0 q_3) & q_0^2 - q_1^2 + q_2^2 - q_3^2 & 2(q_2 q_3 - q_0 q_1) \\ 2(q_1 q_3 - q_0 q_2) & 2(q_2 q_3 + q_0 q_1) & q_0^2 - q_1^2 - q_2^2 + q_3^2 \end{bmatrix} R^B \quad (3-18)$$

　　从机体坐标系到地理坐标系的四元数转换矩阵为

$$R = \begin{bmatrix} q_0^2+q_1^2-q_2^2-q_3^2 & 2(q_1q_2-q_0q_3) & 2(q_1q_3+q_0q_2) \\ 2(q_1q_2+q_0q_3) & q_0^2-q_1^2+q_2^2-q_3^2 & 2(q_2q_3-q_0q_1) \\ 2(q_1q_3-q_0q_2) & 2(q_2q_3+q_0q_1) & q_0^2-q_1^2-q_2^2+q_3^2 \end{bmatrix} \qquad (3\text{-}19)$$

　　无论采用方向余弦矩阵还是通过四元数变换，都可以实现坐标系之间的相互转换，从本质上来说它们是一致的。

　　欧拉角到四元数的转换为

$$q = \begin{bmatrix} q_0 \\ q_1 \\ q_2 \\ q_3 \end{bmatrix} = \begin{bmatrix} \cos\dfrac{\phi}{2}\cos\dfrac{\theta}{2}\cos\dfrac{\psi}{2} + \sin\dfrac{\phi}{2}\sin\dfrac{\theta}{2}\sin\dfrac{\psi}{2} \\ \sin\dfrac{\phi}{2}\cos\dfrac{\theta}{2}\cos\dfrac{\psi}{2} - \cos\dfrac{\phi}{2}\sin\dfrac{\theta}{2}\sin\dfrac{\psi}{2} \\ \cos\dfrac{\phi}{2}\sin\dfrac{\theta}{2}\cos\dfrac{\psi}{2} + \sin\dfrac{\phi}{2}\cos\dfrac{\theta}{2}\sin\dfrac{\psi}{2} \\ \cos\dfrac{\phi}{2}\cos\dfrac{\theta}{2}\sin\dfrac{\psi}{2} - \sin\dfrac{\phi}{2}\sin\dfrac{\theta}{2}\cos\dfrac{\psi}{2} \end{bmatrix} \qquad (3\text{-}20)$$

　　四元数到欧拉角的转换为

$$\begin{bmatrix} \phi \\ \theta \\ \psi \end{bmatrix} = \begin{bmatrix} \arctan\dfrac{2(q_0q_1+q_2q_3)}{q_0^2-q_1^2-q_2^2+q_3^2} \\ \arcsin[2(q_0q_2-q_1q_3)] \\ \arctan\dfrac{2(q_0q_3+q_1q_2)}{q_0^2+q_1^2-q_2^2-q_3^2} \end{bmatrix} \qquad (3\text{-}21)$$

arctan 的结果在 $\left[-\dfrac{\pi}{2}, \dfrac{\pi}{2}\right]$ 范围内，并不能完全覆盖无人机的横滚运动和偏航运动，因此需要用 arctan2 代替 arctan。式(3-21) 变为

$$\begin{bmatrix} \phi \\ \theta \\ \psi \end{bmatrix} = \begin{bmatrix} \arctan2\dfrac{2(q_0q_1+q_2q_3)}{q_0^2-q_1^2-q_2^2+q_3^2} \\ \arcsin[2(q_0q_2-q_1q_3)] \\ \arctan2\dfrac{2(q_0q_3+q_1q_2)}{q_0^2+q_1^2-q_2^2-q_3^2} \end{bmatrix} \qquad (3\text{-}22)$$

　　当无人机的欧拉角已知时，就可以得到无人机的四元数，进而无人机的姿态解算过程可以使用四元数来进行。

　　在实际应用中，为减小计算量，可以将无人机绕机体坐标系 x、y、z 三轴旋转关系通过四元数进行表示，并运用四元数乘法法则将各轴的旋转四元数相乘，得到姿态角的四元数 $q = [q_0,\ q_1,\ q_2,\ q_3]^T$。为了符合人们的空间思维习惯和姿态控制算法的需要，可根据式(3-22) 将四元数转换为欧拉角表示。

第四节　多旋翼无人机姿态解算

姿态解算是指运用滤波后的陀螺仪、加速度传感器和磁罗盘传感器数据实时解算出无人机俯仰角、横滚角和偏航角的过程。

加速度传感器测量的是重力分量，有绝对的参照物即重力轴，因此在无外力的加速情况下，能够准确输出俯仰角和横滚角，并且此角度不会有累积误差，在长时间内都是准确的。虽然经过低通滤波器滤除了大部分由于电动机振动引入的噪声信号，但是当无人机在三维空间做变速运动时，加速度传感器同样会检测变速运动的加速度信号，从而导致姿态角的解算将不再准确。

陀螺仪测量无人机的角速度，需要对时间进行积分，从而得到旋转的角度。其工作原理决定了它的测量标准是它本身，没有也不需要其他绝对的系统参照物，因此陀螺仪数据的参考价值只限于在相对较短的时间尺度内。即使经过滤波后的陀螺仪信号噪声很小，但随着积分时间的增加，其积分误差也将逐渐增大，使得计算的角度与实际角度相异。

磁罗盘传感器测量地磁场强度在三轴上的分量，与加速度传感器一样也有绝对的参照物即地磁场，因此在水平面检测时可以准确检测地磁场方向用于无人机偏航角的解算，但在无人机倾斜时，其计算结果就需要根据倾斜角进行相应的补偿。

通过三种传感器各自的优缺点可以发现，无论使用哪一种单一传感器都无法准确检测无人机三个姿态角信息，因此，需要综合使用各个传感器的数据进行融合处理，使其各自的优缺点得到互补，从而解算出准确的姿态。多旋翼无人机常用的姿态融合解算方法有卡尔曼滤波法、互补滤波法和四元数法。

一、卡尔曼滤波姿态解算

卡尔曼滤波是一种递归的滤波器，其显著优点是高效率，其目的也是为了对系统的状态做出评估，但是它要求测量的量不能都包含噪声。卡尔曼滤波因其递归更新的算法，可以简单、高效地应用到许多领域，如雷达、计算机视觉、控制理论及控制系统工程等。卡尔曼滤波能够尽量消除采样数据噪声的误差，获得目标数据的合理估值，如果该估值是对当前状态值评估，那么卡尔曼滤波的作用仅仅是滤波；如果是对将来值估计，它能起到预测的作用；如果是对过去值估计，它能起到插值或者平滑的作用。

卡尔曼滤波的思想是采用递归自更新的方法来估计出当前的状态，同时保证目标的真实状态与滤波估计出的状态的均方误差收敛值最小。这种自回归的计算方式使得卡尔曼滤波具有以下特性。

① 目标 $k+1$ 时刻的测量状态就是卡尔曼滤波 k 时刻的估计结果。

②　由于采用递归法计算，因此并不需要知道目标过去的全部状态，通过一定的时间迭代就可以计算出目标状态，也就是说卡尔曼滤波适用于平稳和非平稳的过程。

③　使估值的误差均方值尽量小是卡尔曼滤波的误差准则。

卡尔曼滤波器的操作包括预测与更新两个阶段。在预测阶段，滤波器使用上一状态的估计，做出对当前状态的估计。在更新阶段，滤波器利用对当前状态的观测值优化在预测阶段获得的预测值，以获得一个更精确的新估计值。

卡尔曼滤波有五个基本方程式，分别是状态预测方程、协方差预测方程、卡尔曼增益方程、最优值更新方程和协方差更新方程。

（1）状态预测方程　状态预测方程是根据系统状态变量 $k-1$ 时刻的最优值和系统输入计算出 k 时刻系统预测值，即

$$X_{k|k-1}=F_kX_{k-1|k-1}+B_ku_k+w_k \tag{3-23}$$

式中，$X_{k|k-1}$ 是利用 $k-1$ 时刻预测的当前状态结果；$X_{k-1|k-1}$ 是 $k-1$ 时刻最优值；F_k 是作用在 $X_{k-1|k-1}$ 状态下的变换矩阵；B_k 是作用在控制量上的变换矩阵；u_k 是当前状态的控制量，即系统输入；w_k 是系统噪声。

（2）协方差预测方程　协方差预测方程是根据 $k-1$ 时刻系统协方差矩阵预测 k 时刻系统协方差矩阵，即

$$P_{k|k-1}=F_kP_{k-1|k-1}F_k^T+Q_k \tag{3-24}$$

式中，$P_{k|k-1}$ 是 k 时刻系统协方差矩阵；$P_{k-1|k-1}$ 是 $k-1$ 时刻系统协方差矩阵；Q_k 是系统过程噪声的协方差。

（3）卡尔曼增益方程　卡尔曼增益方程是根据协方差矩阵预测值计算卡尔曼增益，即

$$K_k=\frac{P_{k|k-1}H_k^T}{H_kP_{k|k-1}H_k^T+R_k} \tag{3-25}$$

式中，K_k 是卡尔曼增益；H_k 是对象的预测矩阵；R_k 是对象测量噪声的协方差矩阵。

（4）最优值更新方程　最优值更新方程是根据状态变量预测值和系统测量值计算出 k 时刻状态变量最优值，即

$$X_{k|k}=X_{k|k-1}+K_k(Z_k-H_kX_{k|k-1}) \tag{3-26}$$

式中，$X_{k|k}$ 为 k 时刻状态变量最优估计值；Z_k 为对象的测量值。

（5）协方差更新方程　协方差更新方程是求 k 时刻协方差矩阵，即

$$P_{k|k}=(I-K_kH_k)P_{k|k-1} \tag{3-27}$$

式中，$P_{k|k}$ 为 k 时刻协方差矩阵；I 为单位矩阵。

式（3-23）的作用是对前一个状态对象此时的状态进行预测；式（3-24）的作用是对误差协方差矩阵的估计；式（3-25）的作用是更新当前的最优卡尔曼增益；式（3-26）的作用是根据当前卡尔曼增益对系统当前状态进行估计，也就是

卡尔曼滤波的估计输出；式（3-27）的作用是对滤波器当前误差的协方差进行更新。这些公式得出了当前的系统状态，并更新滤波器自身的状态，以便下一个卡尔曼滤波周期的正常进行。

基于卡尔曼滤波的多旋翼无人机姿态解算过程可按如下步骤进行。

① 确立无人机系统模型，并设定其各项参数初始值。

② 根据 $k-1$ 时刻状态预测 k 时刻的无人机姿态 $X_{k|k-1}$。

③ 根据 $k-1$ 时刻的系统预测误差估计 k 时刻的系统预测误差 $P_{k|k-1}$。

④ 计算卡尔曼增益 K_k 和无人机姿态的最优估计值 $X_{k|k}$。

⑤ 计算对象当前的预测误差 $P_{k|k}$，流程回到第②步。

二、互补滤波姿态解算

互补滤波就是把滤波器的两部分加起来成为一个滤波器，使其输出一个准确的线性估计。在多旋翼无人机中，由于加速度传感器的灵敏度高，其受到外部的影响比较大，其测量值也容易被混入噪声，直接使用测量数据进行姿态解算会使得控制系统的输出误差非常大。而对于陀螺仪来说，它反映的是短时间内角速度的积分，因此陀螺仪的瞬时测量是比较准确的，但这也带来一个问题，陀螺仪会产生累积误差的漂移现象。也就是说，陀螺仪的短时间内测量值是比较准确的，而加速度传感器滤波测量值在长时间范围内是比较准确的。因此陀螺仪和加速度传感器的互补滤波思想是使用加速度传感器的测量值作一个均值，利用这个值来修正陀螺仪的测量值并换算出角度，以达到降低陀螺仪角度累积误差的目的。互补滤波器的特点是可以修正陀螺仪测量噪声、漂移和减小对加速度传感器的依赖，快速估计角度。这里的互补滤波由低通滤波和高通滤波组成，与单独的低通滤波器相比其反应速度更快。低通滤波器可以降低瞬时内加速度传感器受到的外部影响，而高通滤波器的原理与其相反，可以累积陀螺仪的有效值。

互补滤波器的工作原理如图 3-24 所示。系统首先对陀螺仪的测量值进行积分，得到当前状态的角速度测量数据；接着系统对加速度传感器测量值进行低通滤波处理，其结果与角速度送入高通滤波器处理后的输出值进行求和融合，就可以计算出当前的姿态角。这里使用高斯滤波来处理加速传感器的测量值。

设利用加速度传感器和陀螺仪分别解算出的无人机姿态角的值为

$$
\begin{aligned}
x_1 &= x + u_1 \\
x_2 &= x + u_2
\end{aligned}
\tag{3-28}
$$

式中，x_1、x_2 分别为利用加速度传感器和陀螺仪解算出的无人机姿态角；x 为实际的无人机姿态角；u_1、u_2 分别为加速度传感器高频噪声和陀螺仪低频噪声。

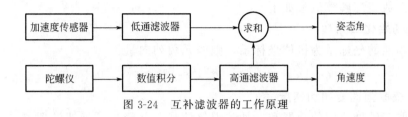

图 3-24　互补滤波器的工作原理

互补滤波器由低通滤波器和高通滤波器两部分构成，其传递函数为

$$F_L(s) = \frac{1}{fs+1}$$

$$F_H(s) = \frac{fs}{fs+1} \tag{3-29}$$

$$F_L(s) + F_H(s) = 1$$

式中，$F_L(s)$ 为低通滤波器传递函数；$F_H(s)$ 为高通滤波器传递函数；f 为滤波器常数。

姿态角 x 的估计值可表示为

$$\hat{X}(s) = F_L(s)X_1(s) + F_H(s)X_2(s) \tag{3-30}$$

对式(3-28) 进行拉普拉斯变换得

$$X_1(s) = X(s) + U_1(s)$$
$$X_2(s) = X(s) + U_2(s) \tag{3-31}$$

将式(3-31) 代入式(3-30) 得

$$\hat{X}(s) = X(s) + F_L(s)U_1(s) + F_H(s)U_2(s) \tag{3-32}$$

式(3-32) 对应差分方程式为

$$\hat{X}(k) = (1-f)[\hat{X}(k-1) + X_2(k) - X_2(k-1)] + fX_1(k) \tag{3-33}$$

式中，$X_1(k)$ 为加速度传感器解算的角度值；$X_2(k)$ 为 k 时刻陀螺仪角速度积分值。

相对于单传感器方案，互补滤波可以避免加速度传感器的精度和动态性能不足的问题，也能避免陀螺仪的漂移误差。互补滤波器结构简单，计算量小。

三、四元数姿态解算

运用卡尔曼滤波和互补滤波的思想进行姿态融合的过程归根结底都是利用加速度传感器解算出的姿态角去修正陀螺仪积分的漂移误差。这两种方法在姿态融合过程中姿态角的表示形式都是欧拉角，用欧拉角进行姿态解算在大角度计算时会出现万向节锁，即角度为 90°时加速度传感器进行姿态解算的反三角函数无解，为了避免该问题，可采用四元数来解算姿态。

四元数姿态解算流程如下。

1. 初始化四元数

设当前的坐标系为机体坐标系，则四元数列向量为

$$q=\begin{bmatrix} q_0 & q_1 & q_2 & q_3 \end{bmatrix}^T=\begin{bmatrix} 1 & 0 & 0 & 0 \end{bmatrix}^T \tag{3-34}$$

2. 获取角速度和加速度

读取三轴加速度传感器和三轴陀螺仪信号，并经过低通滤波器滤波消除振动噪声，得到重力加速度分量 a_{cx}、a_{cy}、a_{cz} 和角速度分量 ω_x、ω_y、ω_z。

3. 将加速度传感器测量值 a_{cx}、a_{cy}、a_{cz} 转化为三维的单位向量

$$a_x=\frac{a_{cx}}{\sqrt{a_{cx}^2+a_{cy}^2+a_{cz}^2}}$$

$$a_y=\frac{a_{cy}}{\sqrt{a_{cx}^2+a_{cy}^2+a_{cz}^2}} \tag{3-35}$$

$$a_z=\frac{a_{cz}}{\sqrt{a_{cx}^2+a_{cy}^2+a_{cz}^2}}$$

4. 用四元数表示三轴的重力分量 V_x、V_y、V_z

$$V_x=2(q_1 q_3-q_0 q_2)$$

$$V_y=2(q_0 q_1-q_2 q_3) \tag{3-36}$$

$$V_z=q_0^2-q_1^2-q_2^2+q_3^2$$

式中，V_x、V_y、V_z 分别为重力单位向量在机体坐标系中的分量。

5. 求四元数所求的重力分量与加速度传感器测量值的误差

$$e_x=a_y V_z-a_z V_y$$

$$e_y=a_z V_x-a_x V_z \tag{3-37}$$

$$e_z=a_x V_y-a_y V_x$$

在机体坐标系中，加速度传感器测量的重力加速度分量为 a_{cx}、a_{cy}、a_{cz}；陀螺仪积分后推算得到的重力向量是 V_x、V_y、V_z，两者之间的误差即为陀螺仪积分误差。此处，向量间的误差 e_x、e_y、e_z 是用向量积表示，该误差向量仍位于机体坐标系中。

6. 利用所得的误差修正陀螺仪的测量值

$$e_{x\text{int}}=e_{x\text{int}}+k_i e_x$$

$$\omega_x=\omega_x+k_p e_x+e_{x\text{int}} \tag{3-38}$$

$$e_{y\text{int}}=e_{y\text{int}}+k_i e_y$$

$$\omega_y=\omega_y+k_p e_y+e_{y\text{int}} \tag{3-39}$$

$$e_{z\text{int}}=e_{z\text{int}}+k_i e_z$$

$$\omega_z=\omega_z+k_p e_z+e_{z\text{int}} \tag{3-40}$$

式中，k_i、k_p 为用以控制加速度传感器修正陀螺仪误差的速度。

7. 利用修正后的陀螺仪值更新四元数

$$q_0 = q_0 + \frac{\mathrm{d}t}{2}(-q_1\omega_x - q_2\omega_y - q_3\omega_z)$$

$$q_1 = q_1 + \frac{\mathrm{d}t}{2}(q_0\omega_x + q_2\omega_z - q_3\omega_y)$$

$$q_2 = q_2 + \frac{\mathrm{d}t}{2}(q_0\omega_y - q_1\omega_z + q_3\omega_x)$$

$$q_3 = q_3 + \frac{\mathrm{d}t}{2}(q_0\omega_z + q_1\omega_y - q_2\omega_x)$$

(3-41)

8. 将得到的更新后的四元数规范化

$$q_0 = \frac{q_0}{\sqrt{q_0^2 + q_1^2 + q_2^2 + q_3^2}}$$

$$q_1 = \frac{q_1}{\sqrt{q_0^2 + q_1^2 + q_2^2 + q_3^2}}$$

$$q_2 = \frac{q_2}{\sqrt{q_0^2 + q_1^2 + q_2^2 + q_3^2}}$$

$$q_3 = \frac{q_3}{\sqrt{q_0^2 + q_1^2 + q_2^2 + q_3^2}}$$

(3-42)

9. 得到新四元数后即完成一次四元数法姿态融合的运算

将新四元数作为下一次四元数运算的初始四元数，再从步骤 1 开始进行下一次的四元数运算。

为了直观表示无人机的姿态，可将新四元数转化成为三个欧拉角。

$$\phi = \arctan\left[\frac{2(q_2q_3 + q_0q_1)}{q_0^2 - q_1^2 - q_2^2 + q_3^2}\right]$$

$$\theta = \arcsin[-2(q_1q_3 - q_0q_2)]$$

$$\psi = \arctan\left[\frac{2(q_1q_2 + q_0q_3)}{q_0^2 + q_1^2 + q_2^2 + q_3^2}\right]$$

(3-43)

四元数姿态解算流程如图 3-25 所示。

通过四元数姿态解算的流程可以看出，其主要思想还是利用加速度传感器对陀螺仪进行修正，其修正的快慢程度由参数 k_i 和 k_p 进行控制。

由于使用该方法的步骤较为烦琐，涉及中间变量转换较多，且计算量较大，占用内存也较大，使用起来很不方便。为解决该问题，有些运动控制传感器如 MPU6050 提供了 DMP 内部四元数解算功能，可以直接输出四元数数据，从而省略了烦琐的计算步骤，给设计带来了极大方便。

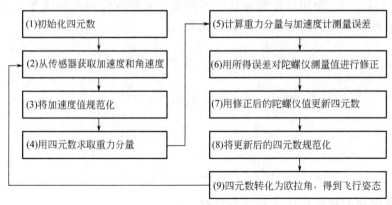

图 3-25　四元数姿态解算流程

第五节　多旋翼无人机数学模型

以十字形四旋翼无人机为例，建立其数学模型。在建立四旋翼无人机数学模型时，做如下假设。

① 四旋翼无人机是一个对称的刚体。

② 机体坐标系的原点位于四旋翼无人机的几何中心。

③ 机体所受的阻力和重力不受无人机飞行姿态的影响。

④ 每个电动机所产生的力与电动机转速的平方成正比。

四旋翼无人机在空间中的运动是六自由度的刚体运动，分为平移运动和旋转运动。无人机在地理坐标系的位置为 $\rho = \begin{bmatrix} X & Y & Z \end{bmatrix}^T$，姿态角为 $\Omega = \begin{bmatrix} \phi & \theta & \psi \end{bmatrix}^T$。根据牛顿-欧拉方程，可以建立在地理坐标系下的平移运动方程和机体坐标系下的旋转运动方程。

一、平移运动方程

根据牛顿定律，在地理坐标系下，四旋翼无人机的平移运动方程为

$$\vec{F} = F_T - F_G - F_f = m\ddot{\rho} \tag{3-44}$$

式中，$\vec{F}$ 为无人机在空间中受到的合力；F_T 为无人机产生的升力；F_G 为无人机所受的重力；F_f 为所受的空气阻力；m 为无人机的质量。

无人机所受的重力主要包括机架、控制板、电动机、旋翼、电池和其他机载设备的重量，飞行过程中意外情况下造成的重量损失可忽略不计，所以可近似认为重力保持不变。在地理坐标系下，四旋翼无人机受到的重力是垂直向下的，可表示为

$$F_G = \begin{bmatrix} 0 \\ 0 \\ mg \end{bmatrix} \tag{3-45}$$

螺旋桨绕着旋翼轴线旋转时，产生合适的桨距和升力，能够使无人机垂直上升。由于四旋翼无人机没有固定的机翼，所以旋翼作为推进装置为无人机提供所需的动力。在旋翼长度一定的情况下，可以假设电动机的推力与电动机转速的平方成正比。旋翼旋转产生的升力是垂直于机体表面向上的，无人机产生的升力为

$$U_1 = b \sum_{i=1}^{4} \omega_i^2 \tag{3-46}$$

式中，U_1 为无人机产生的升力；b 为升力系数；ω_i 为第 i 个电动机的角速度。

通过转换矩阵 R_B^E 将总的升力转换到地理坐标系，得

$$F_T = R_B^E \begin{bmatrix} 0 \\ 0 \\ U_1 \end{bmatrix} \tag{3-47}$$

在地理坐标系下，四旋翼无人机受到的空气阻力与飞行速度成正比，表达式为

$$F_f = \begin{bmatrix} k_x \dot{x} \\ k_y \dot{y} \\ k_z \dot{z} \end{bmatrix} \tag{3-48}$$

式中，k_x、k_y、k_z 分别表示三轴的空气阻力系数。

将式(3-45)、式(3-47)、式(3-48) 代入式(3-44) 得地理坐标系下无人机外力平衡方程为

$$m \begin{bmatrix} \ddot{x} \\ \ddot{y} \\ \ddot{z} \end{bmatrix} = R_B^E U_1 \begin{bmatrix} 0 \\ 0 \\ 1 \end{bmatrix} - \begin{bmatrix} k_x \dot{x} \\ k_y \dot{y} \\ k_z \dot{z} \end{bmatrix} - mg \begin{bmatrix} 0 \\ 0 \\ 1 \end{bmatrix} \tag{3-49}$$

式中，(x, y, z) 为无人机机体在地理坐标系中的位置向量；R_B^E 为机体坐标系到地理坐标系的姿态旋转矩阵。

由此可得四旋翼无人机在地理坐标系中的运动方程为

$$\ddot{x} = \frac{b \sum_{i=1}^{4} \omega_i^2 (\cos\phi \sin\theta \cos\psi + \sin\phi \sin\psi) - k_x \dot{x}}{m}$$

$$\ddot{y} = \frac{b \sum_{i=1}^{4} \omega_i^2 (\cos\phi \sin\theta \sin\psi - \sin\phi \cos\psi) - k_y \dot{y}}{m}$$

$$\ddot{z} = \frac{b\sum_{i=1}^{4}\omega_i^2(\cos\theta\cos\phi) - k_z\dot{z}}{m} - g \tag{3-50}$$

二、旋转运动方程

在机体坐标系下，当四旋翼无人机在空中受到的力矩不平衡时，就会产生旋转运动。无人机所受到的力矩包括旋翼力矩、空气阻力矩和陀螺力矩。当 1 号旋翼和 3 号旋翼转速不同时，两端的升力差就会使无人机沿着 y 轴转动，从而产生俯仰运动。同理，当 2 号旋翼和 4 号旋翼转速不同时，产生横滚运动。旋翼旋转时，会产生与旋翼转向相反的反转矩，当 1 号旋翼和 3 号旋翼产生的反转矩，与 2 号旋翼和 4 号旋翼产生的反转矩不一样大时，无人机就会绕 z 轴转动。

因为假设无人机的结构和重量是对称的，所以可以把转动惯量矩阵定义为

$$I = \begin{bmatrix} I_x & 0 & 0 \\ 0 & I_y & 0 \\ 0 & 0 & I_z \end{bmatrix} \tag{3-51}$$

式中，I_x、I_y、I_z 分别为无人机对于三个机体坐标系主轴的转动惯量，它们都为常量。

无人机对其重心的角动量为

$$L = L_x i + L_y j + L_z k \tag{3-52}$$

式中，L 为无人机对其重心的角动量；L_x、L_y、L_z 分别为无人机对其重心的角动量在三个机体坐标系主轴的分量；i、j、k 分别为无人机机体坐标系三个主轴的单位向量。

由角动量定理可得，四旋翼无人机的旋转运动方程为

$$M = \frac{dL}{dt} = \left(\frac{dL_x}{dt}i + \frac{dL_y}{dt}j + \frac{dL_z}{dt}k\right) + \left(L_x\frac{di}{dt} + L_y\frac{dj}{dt} + L_z\frac{dk}{dt}\right) \tag{3-53}$$

式中，M 是无人机的合成力矩。

机体坐标系三个主轴的单位向量与其转动速度之间的关系为

$$\frac{di}{dt} = \omega i$$

$$\frac{dj}{dt} = \omega j \tag{3-54}$$

$$\frac{dk}{dt} = \omega k$$

将式（3-54）代入式（3-53）得

$$M = \left(\frac{dL_x}{dt}i + \frac{dL_y}{dt}j + \frac{dL_z}{dt}k\right) + \omega L \tag{3-55}$$

式(3-55)的后项可分解为

$$\omega L = (\omega_y L_z - \omega_z L_y)i + (\omega_z L_x - \omega_x L_z)j + (\omega_x L_y - \omega_y L_x)k \qquad (3\text{-}56)$$

式中，ω_x、ω_y、ω_z 分别为无人机对于三个机体坐标系主轴的转动角速度。

将式(3-56)代入式(3-55)，得到角动量定理在机体坐标系中的表达式为

$$M_x = \frac{\mathrm{d}L_x}{\mathrm{d}t} + (\omega_y L_z - \omega_z L_y)$$

$$M_y = \frac{\mathrm{d}L_y}{\mathrm{d}t} + (\omega_z L_x - \omega_x L_z) \qquad (3\text{-}57)$$

$$M_z = \frac{\mathrm{d}L_z}{\mathrm{d}t} + (\omega_x L_y - \omega_y L_x)$$

无人机对其重心的角动量与转动惯量、角速度之间的关系为

$$L = I\omega = \begin{bmatrix} I_x & 0 & 0 \\ 0 & I_y & 0 \\ 0 & 0 & I_z \end{bmatrix} \begin{bmatrix} \omega_x \\ \omega_y \\ \omega_z \end{bmatrix} \qquad (3\text{-}58)$$

将式(3-58)代入式(3-57)得

$$M_x = I_x \frac{\mathrm{d}\omega_x}{\mathrm{d}t} + (I_z - I_y)\omega_y \omega_z$$

$$M_y = I_y \frac{\mathrm{d}\omega_y}{\mathrm{d}t} + (I_x - I_z)\omega_z \omega_x \qquad (3\text{-}59)$$

$$M_z = I_z \frac{\mathrm{d}\omega_z}{\mathrm{d}t} + (I_y - I_x)\omega_x \omega_y$$

定义 U_2、U_3、U_4 分别为无人机的横滚力矩、俯仰力矩和偏航力矩。因此，旋翼产生的旋翼力矩为

$$M_1 = \begin{bmatrix} U_2 \\ U_3 \\ U_4 \end{bmatrix} = \begin{bmatrix} bl(\omega_4^2 - \omega_2^2) \\ bl(\omega_3^2 - \omega_1^2) \\ k_{\mathrm{d}}(\omega_2^2 + \omega_4^2 - \omega_1^2 - \omega_3^2) \end{bmatrix} \qquad (3\text{-}60)$$

式中，M_1 为旋翼力矩；l 为螺旋桨中心到无人机中心的距离；k_{d} 为电动机的反转矩比例系数。

空气阻力力矩为

$$M_2 = \begin{bmatrix} k_\phi \dot{\phi} \\ k_\theta \dot{\theta} \\ k_\psi \dot{\psi} \end{bmatrix} \qquad (3\text{-}61)$$

式中，M_2 为空气阻力力矩；k_θ、k_ϕ、k_ψ 分别为无人机的阻力转矩系数。

螺旋桨陀螺力矩为

$$M_3 = I_b \begin{bmatrix} \dot{\theta} \\ -\dot{\phi} \\ 0 \end{bmatrix} \Omega_r \tag{3-62}$$

式中，M_3 为螺旋桨陀螺力矩；I_b 为螺旋桨的转动惯量；$\Omega_r = \omega_2 + \omega_4 - \omega_1 - \omega_3$。

假设四旋翼无人机在飞行过程中姿态角度变化很小，且旋转角速率也较小，则可以认为 $\omega_x = \dot{\phi}$，$\omega_y = \dot{\theta}$，$\omega_z = \dot{\psi}$。

由式（3-59）～式（3-62）可得四旋翼无人机的旋转运动方程为

$$\ddot{\phi} = \frac{(I_y - I_z)\ \dot{\theta}\dot{\psi} + I_b\dot{\theta}\Omega_r + U_2 - k_\phi\dot{\phi}}{I_x}$$

$$\ddot{\theta} = \frac{(I_z - I_x)\ \dot{\phi}\dot{\psi} - I_b\dot{\phi}\Omega_r + U_3 - k_\theta\dot{\theta}}{I_y} \tag{3-63}$$

$$\ddot{\psi} = \frac{(I_x - I_y)\ \dot{\theta}\dot{\phi} + U_4 - k_\psi\dot{\psi}}{I_z}$$

三、动力学方程

如果忽略空气阻力的影响，则四旋翼无人机的动力学方程为

$$\ddot{x} = \frac{(\cos\phi\sin\theta\cos\psi + \sin\phi\sin\psi)\ U_1}{m}$$

$$\ddot{y} = \frac{(\cos\phi\sin\theta\sin\psi - \sin\phi\cos\psi)\ U_1}{m} \tag{3-64}$$

$$\ddot{z} = \frac{(\cos\theta\cos\phi)\ U_1}{m} - g$$

$$\ddot{\phi} = \frac{(I_y - I_z)\ \dot{\theta}\dot{\psi} + I_b\dot{\theta}\Omega_r + U_2}{I_x}$$

$$\ddot{\theta} = \frac{(I_z - I_x)\ \dot{\phi}\dot{\psi} - I_b\dot{\phi}\Omega_r + U_3}{I_y} \tag{3-65}$$

$$\ddot{\psi} = \frac{(I_x - I_y)\ \dot{\theta}\dot{\phi} + U_4}{I_z}$$

从式（3-64）和式（3-65）可以看出，四旋翼无人机数学模型中包含大量的三角函数关系，是一个典型的非线性系统。同时，基于机理分析的四旋翼无人机数学模型较为复杂，且有一些转动惯量参数不易测量，因此在实际系统中，该模型应用较为困难。

四、状态方程

将四旋翼无人机动力学方程构造成状态方程的形式，即

$$\dot{X}=f\ (X,U) \tag{3-66}$$

式中，$X=[\begin{matrix} x_1 & x_2 & x_3 & x_4 & x_5 & x_6 & x_7 & x_8 & x_9 & x_{10} & x_{11} & x_{12} \end{matrix}]^T$，为状态向量，其中 $x_1=\phi$，$x_2=\dot{x}_1=\dot{\phi}$，$x_3=\theta$，$x_4=\dot{x}_3=\dot{\theta}$，$x_5=\psi$，$x_6=\dot{x}_5=\dot{\psi}$，$x_7=z$，$x_8=\dot{x}_7=\dot{z}$，$x_9=x$，$x_{10}=\dot{x}_9=\dot{x}$，$x_{11}=y$，$x_{12}=\dot{x}_{11}=\dot{y}$；$U=[\begin{matrix} U_1 & U_2 & U_3 & U_4 \end{matrix}]^T$，为控制向量。

$$f(X,U)=\begin{bmatrix} x_2 \\ a_1 x_4 x_6 + a_2 x_4 \Omega_r + b_1 U_2 \\ x_4 \\ a_3 x_2 x_6 + a_4 x_2 \Omega_r + b_2 U_3 \\ x_6 \\ a_5 x_2 x_3 + b_3 U_4 \\ x_8 \\ \dfrac{(\cos\theta\cos\phi)U_1}{m}-g \\ x_{10} \\ \dfrac{u_x U_1}{m} \\ x_{12} \\ \dfrac{u_y U_1}{m} \end{bmatrix} \tag{3-67}$$

式中，$a_1=(I_y-I_z)/I_x$；$a_2=I_b/I_x$；$a_3=(I_z-I_x)/I_y$；$a_4=-I_b/I_y$；$a_5=(I_x-I_y)/I_z$；$b_1=1/I_x$；$b_2=1/I_y$；$b_3=1/I_z$；$u_x=(\cos\phi\sin\theta\cos\psi+\sin\phi\sin\psi)$；$u_y=(\cos\phi\sin\theta\sin\psi-\sin\phi\cos\psi)$。

四旋翼无人机的状态空间方程可以看作是两个子系统，即姿态子系统和位移子系统。姿态子系统记作 $\dot{X}_A=f_A(X,U)$，由状态空间方程的前六个表达式组成，包含 $\{\dot{\phi},\dot{\theta},\dot{\psi}\}$ 和 $\{U_2,U_3,U_4\}$；位移子系统记作 $\dot{X}_B=f_B(X,U)$，由状态空间方程的后六个表达式组成，包含 $\{\phi,\theta,\psi\}$ 和 U_1。两个子系统之间的联系如图 3-26 所示。

第六节　多旋翼无人机控制技术

一、多旋翼无人机控制技术概述

无人机在飞行过程中会受到各种干扰，如传感器的噪声与漂移、强风与乱气流、载重量变化及倾角过大引起的模型变动等，这些都会严重影响无人机的

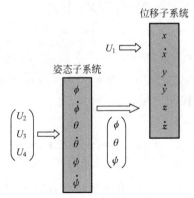

图 3-26　姿态子系统和位移子系统之间的联系

飞行品质，因此，无人机控制技术便显得尤为重要。传统的控制方法主要集中于姿态和高度的控制，除此之外还有一些用来控制速度、位置、航向、3D 轨迹跟踪控制等。多旋翼无人机的控制方法主要有线性飞行控制方法、基于学习的飞行控制方法和基于模型的非线性控制方法。

1. 线性飞行控制方法

常规的无人机控制方法以及早期的对无人机的控制都是建立在线性飞行控制理论上的，如 PID 控制、H∞ 控制、LQR 控制以及增益调度法等。

（1）PID 控制　PID 控制属于传统控制方法，是目前最成功、应用最广泛的控制方法之一。其控制方法简单，无需前期建模工作，参数物理意义明确，适用于飞行精度要求不高的控制。

（2）H∞ 控制　H∞ 控制属于鲁棒控制的方法。经典的控制理论并不要求被控对象的精确数学模型来解决多输入、多输出非线性系统问题。现代控制理论可以定量地解决多输入、多输出非线性系统问题，但完全依赖于描述被控对象的动态特性的数学模型。鲁棒控制可以很好地解决因干扰等因素引起的建模误差问题，但它的计算量非常大，依赖于高性能的处理器，同时，由于是频域设计方法，参数调整相对困难。

（3）LQR 控制　LQR 控制是被用来控制无人机的比较成功的方法之一，其对象是能用状态空间表达式表示的线性系统，目标函数是状态变量或控制变量的二次函数的积分。而且 Matlab 软件的使用为 LQR 控制方法提供了良好的仿真条件，更为工程实现提供了便利。

（4）增益调度法　增益调度即在系统运行时，调度变量的变化导致控制器的参数随着改变，根据调度变量使系统以不同的控制规律在不同的区域内运行，以解决系统非线性的问题。该算法由两大部分组成：第一部分主要完成事件驱动，实现参数调整，如果系统的运行情况改变，则可通过该部分来识别并切换模态；第二部分为误差驱动，其控制功能由选定的模态来实现。该控制方法在多旋翼无人机的垂直起降、定点悬停及路径跟踪等控制上有着优异的性能。

2. 基于学习的飞行控制方法

基于学习的飞行控制方法的特点就是无需了解无人机的动力学模型，只要一些飞行试验和飞行数据，如模糊控制方法、基于飞行员学习的方法以及神经网络法等。

（1）模糊控制方法 模糊控制是解决模型不确定性的方法之一，在模型未知的情况下来实现对无人机的控制。

（2）基于飞行员学习的方法 美国 MIT 的科研人员为了寻找能更好地控制小型无人机的控制方法，从参加军事演习进行特技飞行的飞机中采集数据，分析飞行员对不同情况下飞机的操作，从而更好地理解无人机的输入序列和反馈机制。这种方法已经被运用到小型无人机的自主飞行中。

（3）神经网络法 经典 PID 控制结构简单，使用方便，易于实现，但当被控对象具有复杂的非线性特性、难以建立精确的数学模型时，往往难以达到满意的控制效果。神经网络自适应控制技术能有效地实现多种不确定的、难以确切描述的非线性复杂过程的控制，提高控制系统的鲁棒性、容错性，且控制参数具有自适应和自学习能力。

3. 基于模型的非线性控制方法

为了克服某些线性控制方法的限制，一些非线性的控制方法被提出并且运用到无人机的控制中。这些非线性的控制方法通常可以归类为基于模型的非线性控制方法，如反馈线性化、模型预测控制、多饱和控制、反步法控制以及自适应控制。

（1）反馈线性化 反馈线性化是非线性系统常用的一种方法。它利用数学变换的方法和微分几何学的知识，首先将状态和控制变量转变为线性形式，然后利用常规的线性设计的方法进行设计，最后将设计的结果通过反变换，转换为原始的状态和控制形式。反馈线性化理论有微分几何法和动态逆法两个重要分支，其中动态逆法较微分几何法具有推算简单的特点，因此更适合用在飞行控制系统的设计上。但是，动态逆法需要相当精确的无人机模型，这在实际情况中是非常困难的。此外，由于系统建模误差，加上外界的各种干扰，因此，设计时要重点考虑鲁棒性的因素。动态逆法有一定的工程应用前景，现已成为飞行控制研究领域的一个热点话题。

（2）模型预测控制 模型预测控制是一类特殊的控制方法。它是通过在每一个采样瞬间求解一个有限时域开环的最优控制问题获得当前控制动作。最优控制问题的初始状态为过程的当前状态，解得的最优控制序列只施加在第一个控制作用上，这是它和那些预先计算控制律的算法的最大区别。本质上看，模型预测控制是求解一个开环最优控制的问题，它与具体的模型无关，但是其实现则与模型相关。

（3）多饱和控制　饱和现象是一种非常普遍的物理现象，存在于大量的工程问题中。运用多饱和控制的方法设计多旋翼无人机，可以解决其他控制方法所不能解决的很多实际的问题。多饱和控制在控制饱和输入方面有着很好的全局稳定性，因此这种方法常用来控制微型无人机的稳定性。

（4）反步法控制　反步法控制是非线性系统控制器设计最常用的方法之一，比较适合用来进行在线控制，能够减少在线计算的时间。基于反步法控制的控制器设计方法，其基本思路是将复杂的系统分解成不超过系统阶数的多个子系统，然后通过反向递推为每个子系统设计部分李雅普诺夫函数和中间虚拟控制量，直至设计完成整个控制器。反步法运用于飞控系统控制器的设计可以处理一类非线性、不确定性因素的影响，而且已经被证明具有比较好稳定性及误差的收敛性。

（5）自适应控制　自适应控制也是一种基于数学模型的控制方法，它最大的特点就是对于系统内部模型和外部扰动的信息依赖比较少，与模型相关的信息是在运行系统的过程中不断获取的，逐步地使模型趋于完善。随着模型的不断改善，由模型得到的控制作用也会跟着改进，因此控制系统具有一定的适应能力。但同时，自适应控制比常规反馈控制要复杂，成本也很高，因此只是在用常规反馈达不到所期望的性能时，才会考虑采用自适应控制的方法。

二、四旋翼无人机系统的 PID 控制

1. PID 控制基础

PID 控制是自动控制领域里最常用的控制算法之一，PID 控制系统的主要任务是设计 PID 控制器。PID 控制器是利用设置给定的目标值与实际输出值构成的偏差，对被控对象进行的一种线性控制，控制系统通常由被控对象和 PID 控制器两部分组成。PID 控制器的原理如图 3-27 所示，它由比例环节、积分环节和微分环节构成。图 3-27 中，$e(t)$ 为控制偏差，是 PID 控制器的输入；$u(t)$ 为 PID 控制器的输出；$y(t)$ 为被控对象的实际控制输出量。

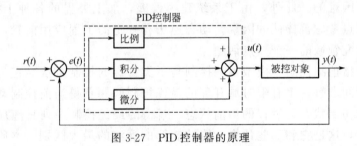

图 3-27　PID 控制器的原理

控制器的输入，即控制偏差为

$$e(t) = r(t) - y(t) \tag{3-68}$$

式中，$r(t)$ 为给定目标值。

PID 控制器将控制偏差的比例、积分和微分通过线性组合构成控制量，对被控对象进行控制，其控制规律为

$$u(t) = K_p e(t) + K_i \int_0^t e(t) \mathrm{d}t + K_d \frac{\mathrm{d}e(t)}{\mathrm{d}t} \tag{3-69}$$

式中，K_p 为比例系数；K_i 为积分系数；K_d 为微分系数。

K_p、K_i、K_d 这三个参数对系统的稳定性、响应速度、超调量和稳态精度等方面都起着不同的作用。比例环节、积分环节和微分环节具有以下作用。

（1）比例环节　比例环节主要用于提高系统的动态响应速度和减小系统稳态偏差即提高系统的控制精度。该环节成比例地反映控制系统的偏差信号，一旦产生偏差，控制器立即产生控制作用，以减少偏差使实际值接近目标值。控制作用的强弱主要取决于比例系数的大小，比例系数过大，会使系统的动态特性变差，引起输出振荡，还可能导致闭环系统的不稳定；比例系数过小，被控对象会产生较大的静差，达不到预期控制的效果，所以在选择比例系数时要合理适当。

（2）积分环节　在一般的 PID 控制中，当有较大的扰动或大幅度改变给定值时，由于有较大的偏差，以及系统有惯性和滞后，故在积分项的作用下，往往会产生较大的超调和长时间波动、振荡次数增加和调整时间延长，使系统的稳定性下降。通常用积分系数来表示积分作用的强弱，积分系数越大，积分作用越强，消除偏差的过程会加快，但取值太大会导致系统趋于不稳定。

（3）微分环节　根据偏差信号的变化趋势对其进行修正，在偏差信号值变得太大之前，引入一个有效的修正信号，从而使系统的动作速度加快，减小调节时间。

采用 PID 控制算法简单又方便，只要适当地调节比例系数、积分系数和微分系数，就可以得到比较理想的控制效果。目前 PID 控制器的参数一般通过凑试法、频率法和时域法来确定。

凑试法调节 PID 参数的步骤如下。

① 当控制偏差绝对值较大时，为加快系统的响应速度，使静差在短时间内降低或消除，应将比例系数增大，这样可以使系统时间常数和阻尼系数减小。但比例系数不能过大，否则会导致系统不稳定。为避免系统在开始控制时可能引起的被控对象出现较大的超调量，应取较小的微分系数，以便加快系统响应时间；为避免出现较大的超调量，可取积分系数为零。

② 当控制偏差绝对值处于中等大小时，应取较小的比例系数，使系统响应的超调量变小一点儿；此时，选择合理的微分系数值是关键，为保证系统的响应速度，微分系数的取值要恰当，此时可适当的增加积分系数值，但不能增加过大。

③ 当控制偏差绝对值较小时，为使系统具有良好的稳定性能，可取较大的比例系数和积分系数；为避免系统在平衡点出现振荡，微分系数的取值不能过大，也不能过小，要合理。

在 PID 控制器中，参数的选择并不是唯一的，可以根据需要及系统的变化有针对性地对各个参数进行有效合理的调节。比例系数、积分系数和微分系数所产生的作用各不相同，在实际控制过程中往往某个参数的减小可由其他参数的增大来补偿。因此，不同的整定参数也有可能得到同样的控制效果。

2. 基于 PID 的四旋翼无人机控制系统

由于无人机姿态角的变化直接影响到无人机的位置和速度，因此无人机的姿态控制器为系统的内环控制器，而位置控制器为系统的外环控制器。基于 PID 控制方法的四旋翼无人机控制系统框图如图 3-28 所示。

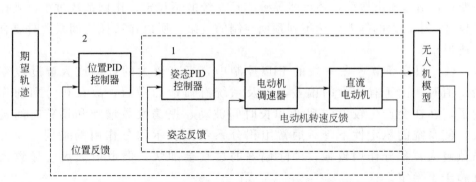

图 3-28　基于 PID 控制方法的四旋翼无人机控制系统框图

在图 3-28 中，回路 1 为系统的姿态控制回路，回路 2 为系统的位置控制回路，当系统接收到给定轨迹命令后，位置控制回路计算出系统所要改变的姿态角，然后输入到回路 1 中，回路 1 再计算出直流电动机的相应控制量，这样整个系统就可以实现位置跟踪和姿态控制。

基于 PID 控制方法的四旋翼无人机控制包括电动机转速控制、姿态控制和位置控制。

（1）电动机转速控制　在实际四旋翼无人机系统中，只能通过控制四个直流电动机的转速来实现无人机的控制。为了实现对四旋翼无人机的有效控制，需要将控制指令转化为电动机的转速信号，对直流电动机的转速进行实时控制，使其按照指定的转速旋转。将回路 1 和回路 2 输出的控制信号输入到电动机调速器中，即可得到电动机转速控制回路的期望转速。

电动机调速器与直流电动机共同构成电动机转速控制回路，电动机转速控制回路用于控制旋翼转速。

在电动机驱动系统中，电动机调速系统输出 PWM 信号通过控制 MOSFET 的导通与关断来达到调节电动机转速的目的。PWM 占空比 $D(k)$ 的改变由一个增量式 PI 调节器进行调节。

k 时刻反馈的电动机转速信号和给定的电动机转速值的误差为

$$V_{\text{err}}(k) = V_{\text{d}}(k) - V(k) \tag{3-70}$$

式中，$V_{\text{err}}(k)$ 为电动机控制偏差；$V_{\text{d}}(k)$ 为反馈的电动机转速；$V(k)$ 为给定的电动机转速。

占空比 $D(k)$ 增量式算法的表达式为

$$D(k) = D(k-1) + K_{\text{p}}[V_{\text{err}}(k) - V_{\text{err}}(k-1)] + K_{\text{i}}V_{\text{err}}(k) \tag{3-71}$$

式中，K_{p} 为比例系数；K_{i} 为积分系数。

（2）姿态控制　在四旋翼无人机的整个控制系统中姿态控制是关键，无人机的姿态变化直接影响无人机的线运动。在无人机飞行过程中要实时精确控制无人机的飞行姿态，无人机的控制系统首先要通过无人机的航姿参考系统检测无人机在三个轴向的角度和角速率，然后对无人机的姿态实施闭环控制，使无人机达到期望的姿态。由于无人机在飞行的过程中，其姿态角在比较小的范围内变化，因此可以忽略陀螺效应的影响，从而得到

$$\begin{aligned} I_x\ddot{\phi} &= U_2 \\ I_y\ddot{\theta} &= U_3 \\ I_z\ddot{\psi} &= U_4 \end{aligned} \tag{3-72}$$

设 $[\phi_{\text{d}}, \theta_{\text{d}}, \psi_{\text{d}}]^T$ 为给定的姿态控制信号，$[\phi, \theta, \psi]^T$ 为传感器测得的姿态角信息，利用 PID 控制方法得到的含有期望角加速度的表达式为

$$K_{\text{p}\phi}e_{\phi} + K_{\text{i}\phi}\int e_{\phi}\,\mathrm{d}t + K_{\text{d}\phi}\dot{e}_{\phi} + \ddot{e}_{\phi} = 0$$

$$K_{\text{p}\theta}e_{\theta} + K_{\text{i}\theta}\int e_{\theta}\,\mathrm{d}t + K_{\text{d}\theta}\dot{e}_{\theta} + \ddot{e}_{\theta} = 0 \tag{3-73}$$

$$K_{\text{p}\psi}e_{\psi} + K_{\text{i}\psi}\int e_{\psi}\,\mathrm{d}t + K_{\text{d}\psi}\dot{e}_{\psi} + \ddot{e}_{\psi} = 0$$

式中，$K_{\text{p}\phi}$、$K_{\text{i}\phi}$、$K_{\text{d}\phi}$ 分别为横滚通道的控制参数；$K_{\text{p}\theta}$、$K_{\text{i}\theta}$、$K_{\text{d}\theta}$ 分别为俯仰通道的控制参数；$K_{\text{p}\psi}$、$K_{\text{i}\psi}$、$K_{\text{d}\psi}$ 分别为偏航通道的控制参数；$e_{\phi} = \phi_{\text{d}} - \phi$、$e_{\theta} = \theta_{\text{d}} - \theta$、$e_{\psi} = \psi_{\text{d}} - \psi$ 分别为横滚角、俯仰角和偏航角的误差信号；$\dot{e}_{\phi} = \dot{\phi}_{\text{d}} - \dot{\phi}$、$\dot{e}_{\theta} = \dot{\theta}_{\text{d}} - \dot{\theta}$、$\dot{e}_{\psi} = \dot{\psi}_{\text{d}} - \dot{\psi}$ 分别为横滚角速度、俯仰角速度和偏航角速度的误差信号；$\ddot{e}_{\phi} = \ddot{\phi}_{\text{d}} - \ddot{\phi}$、$\ddot{e}_{\theta} = \ddot{\theta}_{\text{d}} - \ddot{\theta}$、$\ddot{e}_{\psi} = \ddot{\psi}_{\text{d}} - \ddot{\psi}$ 分别为横滚角加速度、俯仰角加速度和偏航角加速度的误差信号。

由式（3-73）构造姿态角的控制量为

$$u_\phi = K_{p\phi}e_\phi + K_{i\phi}\int e_\phi \mathrm{d}t + K_{d\phi}\dot{e}_\phi + \ddot{\phi}_d$$

$$u_\theta = K_{p\theta}e_\theta + K_{i\theta}\int e_\theta \mathrm{d}t + K_{d\theta}\dot{e}_\theta + \ddot{\theta}_d \tag{3-74}$$

$$u_\psi = K_{p\psi}e_\psi + K_{i\psi}\int e_\psi \mathrm{d}t + K_{d\psi}\dot{e}_\psi + \ddot{\psi}_d$$

式中，u_ϕ、u_θ 和 u_ψ 分别为横滚角、俯仰角和偏航角的控制量。

将式（3-74）代入式（3-72）中可得

$$I_x u_\phi = U_2$$

$$I_y u_\theta = U_3 \tag{3-75}$$

$$I_z u_\psi = U_4$$

由此构造的姿态稳定控制回路结构框图如图 3-29 所示。

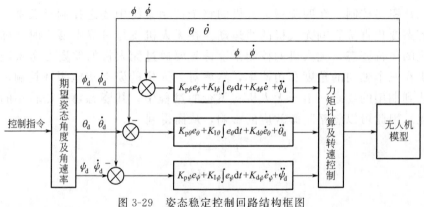

图 3-29 姿态稳定控制回路结构框图

（3）位置控制 在无人机控制系统中，位置控制使无人机可以准确、快速地按照给定轨迹进行飞行。位置回路控制算法首先需要计算得到所需姿态角度，然后由姿态控制回路计算得出给定姿态角度，实现位置回路跟踪控制。

设 $[x_d, y_d, z_d]^T$ 为给定的无人机位置控制信号；$[\dot{x}_d, \dot{y}_d, \dot{z}_d]^T$ 为给定的无人机速度控制信号；$[x, y, z]^T$ 为传感器测得的无人机位置信号；$[\dot{x}, \dot{y}, \dot{z}]^T$ 为实际的无人机速度信号，则构造位置控制量为

$$u_x = K_{px}e_x + K_{ix}\int e_x \mathrm{d}t + K_{dx}\dot{e}_x + \ddot{x}_d$$

$$u_y = K_{py}e_y + K_{iy}\int e_y \mathrm{d}t + K_{dy}\dot{e}_y + \ddot{y}_d \tag{3-76}$$

$$u_z = K_{pz}e_z + K_{iz}\int e_z \mathrm{d}t + K_{dz}\dot{e}_z + \ddot{z}_d$$

式中，u_x、u_y 和 u_z 分别为 x 方向、y 方向和 z 方向的控制量；K_{px}、K_{ix}、K_{dx} 为 x 方向的控制参数；K_{py}、K_{iy}、K_{dy} 为 y 方向的控制参数；K_{pz}、K_{iz}、K_{dz} 为 z 方向的控

制参数；$e_x = x_d - x$、$e_y = y_d - y$、$e_z = z_d - z$ 为位置误差信号；$\dot{e}_x = \dot{x}_d - \dot{x}$、$\dot{e}_y = \dot{y}_d - \dot{y}$、$\dot{e}_z = \dot{z}_d - \dot{z}$ 为速度误差信号；$\ddot{x}_d$、$\ddot{y}_d$、$\ddot{z}_d$ 为 x 方向、y 方向和 z 方向的加速度。

由此构造的位置稳定控制回路结构框图如图 3-30 所示。

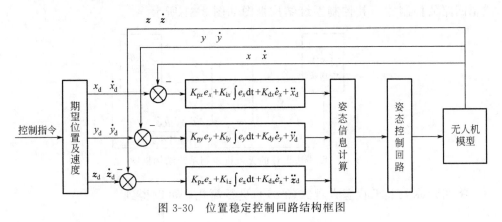

图 3-30　位置稳定控制回路结构框图

三、四旋翼无人机系统的反步法控制

1. 反步法控制的原理

反步法是非线性系统控制器设计的常用方法，该方法基于李雅普诺夫稳定性理论，将李雅普诺夫函数的选取与控制器的设计相结合完成控制器的设计。反步法只能应用于严格反馈的或者可以化成严格反馈结构的非线性系统。

在使用反步法进行控制系统设计时，要求系统为严格反馈结构，系统结构可表示为

$$\dot{x}_1 = g_1(x_1)x_2 + f_1(x_1)$$
$$\dot{x}_2 = g_2(x_1, x_2)x_3 + f_2(x_1, x_2)$$
$$\vdots$$
$$\dot{x}_i = g_i(x_1, \cdots, x_i)x_{i+1} + f_i(x_1, \cdots, x_i) \tag{3-77}$$
$$\vdots$$
$$\dot{x}_{n-1} = g_{n-1}(x_1, \cdots, x_{n-1})x_n + f_{n-1}(x_1, \cdots, x_{n-1})$$
$$\dot{x}_n = g_n(x_1, \cdots, x_n)u + f_n(x_1, \cdots, x_n)$$

式中，$x = [x_1 \quad x_2 \quad \cdots \quad x_n]^T \in R^n$ 为系统状态向量；f_i 和 g_i 是光滑的非线性函数，且 $g_i \neq 0$。

由式(3-77)可以看出，非线性函数 f_i 和 g_i 仅与系统的前 i 个状态有关，而与其他状态量无关，满足这种类型的非线性系统即为严格反馈系统。

对于满足式(3-77)结构的非线性系统，可以采用反步法设计系统控制器，设计的主要思想是采用反向递推的设计方法构造符合要求的李雅普诺夫函数和控制量。基于这种控制器的设计方法，可以将复杂的和不易实现的系统分解成

不高于系统阶数的若干子系统，然后通过反向递推完成每个子系统的李雅普诺夫函数和中间虚拟控制量的设计，最终完成整体控制器的设计。

　　基于无人机建立的数学模型，利用反步法控制器设计姿态控制回路和位置控制回路的控制器，其控制系统结构框图如图 3-31 所示。

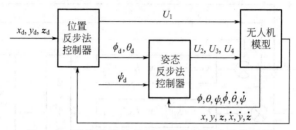

图 3-31　反步法设计的无人机控制系统结构框图

将四旋翼无人机状态方程式（3-67）进行简化，可以得到

$$f(X,U)=\begin{bmatrix} x_2 \\ b_1U_2 \\ x_4 \\ b_2U_3 \\ x_6 \\ b_3U_4 \\ x_8 \\ \dfrac{(\cos x_3\cos x_1)U_1}{m}-g \\ x_{10} \\ \dfrac{u_xU_1}{m} \\ x_{12} \\ \dfrac{u_yU_1}{m} \end{bmatrix} \tag{3-78}$$

　　式中，b_1、b_2、b_3 为状态方程参数值；u_x 和 u_y 分别为引入的平面位置 x 和 y 的虚拟控制量。

2. 基于反步法的四旋翼无人机控制系统

基于反步法的四旋翼无人机控制包括姿态控制和位置控制。

（1）姿态控制　以横滚角回路为例进行反步法姿态控制器设计。

设横滚角回路状态方程式为

$$\dot{Y}_1=\begin{bmatrix} \dot{x}_1 \\ \dot{x}_2 \end{bmatrix}=\begin{bmatrix} x_2 \\ b_1U_2 \end{bmatrix} \tag{3-79}$$

假设期望横滚角为 $x_{d1}=\phi_d$，横滚角通道误差为 $\varepsilon_1=x_{d1}-x_1$。根据李雅普诺夫相关理论，系统在点 $\varepsilon_1=0$ 处满足 $\phi=\phi_d$ 的条件下，选取正定的李雅普诺夫函数为

$$V(\varepsilon_1)=\frac{1}{2}\varepsilon_1^2 \tag{3-80}$$

对式（3-80）求导数得

$$\dot{V}(\varepsilon_1)=\varepsilon_1\dot{\varepsilon}_1=\varepsilon_1(\dot{x}_{d1}-x_2) \tag{3-81}$$

定义速度误差为

$$\varepsilon_2=-\alpha_1\varepsilon_1-\dot{x}_{d1}+x_2 \tag{3-82}$$

式中，$\alpha_1>0$，为常数。

由此构造的二阶李雅普诺夫函数表示为

$$V(\varepsilon_1,\varepsilon_2)=\frac{1}{2}\varepsilon_1^2+\frac{1}{2}\varepsilon_2^2 \tag{3-83}$$

对式（3-83）取时间导数得

$$\begin{aligned}\dot{V}(\varepsilon_1,\varepsilon_2)&=\varepsilon_1\dot{\varepsilon}_1+\varepsilon_2\dot{\varepsilon}_2=\varepsilon_1(-\alpha_1\varepsilon_1-\varepsilon_2)+\varepsilon_2(-\alpha_1\dot{\varepsilon}_1-\ddot{x}_{d1}+\dot{x}_2)\\&=\varepsilon_2b_1U_2-\varepsilon_2[\ddot{x}_{d1}-\alpha_1(\alpha_1\varepsilon_1+\varepsilon_2)]-\alpha_1\varepsilon_1^2-\varepsilon_1\varepsilon_2\end{aligned} \tag{3-84}$$

为使 $\dot{V}(\varepsilon_1,\varepsilon_2)<0$，则

$$\dot{V}(\varepsilon_1,\varepsilon_2)=-\alpha_1\varepsilon_1^2-\alpha_2\varepsilon_2^2 \tag{3-85}$$

式中，$\alpha_1>0$，$\alpha_2>0$，为常数。

根据式（3-84）和式（3-85）可得横滚通道控制量为

$$U_2=\frac{1}{b_1}[\varepsilon_1-\alpha_1(\alpha_1\varepsilon_1+\varepsilon_2)-\alpha_2\varepsilon_2] \tag{3-86}$$

同理可得俯仰通道和偏航通道的控制量分别为

$$U_3=\frac{1}{b_2}[\varepsilon_3-\alpha_3(\alpha_3\varepsilon_3+\varepsilon_4)-\alpha_4\varepsilon_4]$$

$$U_4=\frac{1}{b_3}[\varepsilon_5-\alpha_5(\alpha_5\varepsilon_5+\varepsilon_6)-\alpha_6\varepsilon_6] \tag{3-87}$$

（2）位置控制　基于反步法的位置控制器的设计包含了平面位置控制和高度位置控制两部分。基于反步法的位置控制器的设计方法与姿态控制器的设计方法类似。下面分别针对高度位置控制器和平面位置控制器进行设计。

高度位置状态方程式为

$$\dot{Y}_4=\begin{bmatrix}\dot{x}_7\\\dot{x}_8\end{bmatrix}=\begin{bmatrix}x_8\\\dfrac{\cos x_1\cos x_3U_1}{m}-g\end{bmatrix} \tag{3-88}$$

假设期望高度为 $x_{d7}=z_d$，高度通道误差为 $\varepsilon_7=x_{d7}-x_7$。根据李雅普诺夫相关理论，系统在点 $\varepsilon_7=0$ 处满足 $z=z_d$ 的条件下，选取正定的李雅普诺夫函

数为

$$V(\varepsilon_7) = \frac{1}{2}\varepsilon_7^2 \tag{3-89}$$

对式(3-89)求导数得

$$\dot{V}(\varepsilon_7) = \varepsilon_7\dot{\varepsilon}_7 = \varepsilon_1(\dot{x}_{d7} - x_8) \tag{3-90}$$

定义速度误差为

$$\varepsilon_8 = -\alpha_7\varepsilon_7 - \dot{x}_{d7} + x_8 \tag{3-91}$$

式中，$\alpha_7 > 0$，为常数。

由此构造的二阶李雅普诺夫函数表示为

$$V(\varepsilon_7, \varepsilon_8) = \frac{1}{2}\varepsilon_7^2 + \frac{1}{2}\varepsilon_8^2 \tag{3-92}$$

对式(3-92)取时间导数得

$$\dot{V}(\varepsilon_7, \varepsilon_8) = \varepsilon_7\dot{\varepsilon}_7 + \varepsilon_8\dot{\varepsilon}_8 = \varepsilon_7(-\alpha_7\varepsilon_7 - \varepsilon_8) + \varepsilon_8(-\alpha_7\dot{\varepsilon}_7 - \ddot{x}_{d7} + \dot{x}_8)$$
$$= \varepsilon_8\left(\frac{\cos x_1 \cos x_3 U_1}{m-g}\right) - \varepsilon_8[\ddot{x}_{d7} - \alpha_7(\alpha_7\varepsilon_7 + \varepsilon_8)] - \alpha_7\varepsilon_7^2 - \varepsilon_7\varepsilon_8 \tag{3-93}$$

为使 $\dot{V}(\varepsilon_7, \varepsilon_8) < 0$，则

$$\dot{V}(\varepsilon_7, \varepsilon_8) = -\alpha_7\varepsilon_7^2 - \alpha_8\varepsilon_8^2 \tag{3-94}$$

式中，$\alpha_7 > 0$，$\alpha_8 > 0$，为常数。

根据式(3-93)和式(3-94)可得高度通道控制量为

$$U_1 = \frac{m}{\cos x_1 \cos x_3}[\varepsilon_7 + g - \alpha_7(\alpha_7\varepsilon_7 + \varepsilon_8) - \alpha_8\varepsilon_8] \tag{3-95}$$

平面位置控制器的设计思路与高度位置控制器的设计思路类似，利用其状态方程式可得平面位置 x 和 y 的虚拟控制量 u_x 和 u_y。

平面位置 x 状态方程式为

$$\dot{Y}_5 = \begin{bmatrix} \dot{x}_9 \\ \dot{x}_{10} \end{bmatrix} = \begin{bmatrix} x_{10} \\ \dfrac{u_x U_1}{m} \end{bmatrix} \tag{3-96}$$

假设期望平面位置为 $x_{d9} = x_d$，平面 x 通道误差为 $\varepsilon_9 = x_{d9} - x_9$。根据李雅普诺夫相关理论，系统在点 $\varepsilon_9 = 0$ 处满足 $x = x_d$ 的条件下，选取正定的李雅普诺夫函数为

$$V(\varepsilon_9) = \frac{1}{2}\varepsilon_9^2 \tag{3-97}$$

对式(3-97)求导数得

$$\dot{V}(\varepsilon_9) = \varepsilon_9\dot{\varepsilon}_9 = \varepsilon_9(\dot{x}_{d9} - x_{10}) \tag{3-98}$$

定义速度误差为

$$\varepsilon_{10} = -\alpha_9 \varepsilon_9 - \dot{x}_{d9} + x_{10} \tag{3-99}$$

式中，$\alpha_9 > 0$，为常数。

由此构造的二阶李雅普诺夫函数表示为

$$V(\varepsilon_9, \varepsilon_{10}) = \frac{1}{2}\varepsilon_9^2 + \frac{1}{2}\varepsilon_{10}^2 \tag{3-100}$$

对式(3-100) 取时间导数得

$$\dot{V}(\varepsilon_9, \varepsilon_{10}) = \varepsilon_9 \dot{\varepsilon}_9 + \varepsilon_{10}\dot{\varepsilon}_{10} = \varepsilon_9(-\alpha_9\varepsilon_9 - \varepsilon_{10}) + \varepsilon_{10}(-\alpha_9\dot{\varepsilon}_9 - \ddot{x}_{d9} + \dot{x}_{10})$$

$$= \varepsilon_{10}\left(\frac{u_x U_1}{m}\right) - \varepsilon_{10}[\ddot{x}_{d9} - \alpha_9(\alpha_9\varepsilon_9 + \varepsilon_{10})] - \alpha_9\varepsilon_9^2 - \varepsilon_9\varepsilon_{10} \tag{3-101}$$

为使 $\dot{V}(\varepsilon_9, \varepsilon_{10}) < 0$，则

$$\dot{V}(\varepsilon_9, \varepsilon_{10}) = -\alpha_9\varepsilon_9^2 - \alpha_{10}\varepsilon_{10}^2 \tag{3-102}$$

式中，$\alpha_9 > 0$，$\alpha_{10} > 0$，为常数。

平面 x 通道控制量为

$$u_x = \frac{m}{U_1}[\varepsilon_9 - \alpha_9(\alpha_9\varepsilon_9 + \varepsilon_{10}) - \alpha_{10}\varepsilon_{10}] \tag{3-103}$$

同理可得平面 y 通道控制量为

$$u_y = \frac{m}{U_1}[\varepsilon_{11} - \alpha_{11}(\alpha_{11}\varepsilon_{11} + \varepsilon_{12}) - \alpha_{12}\varepsilon_{12}] \tag{3-104}$$

由此得到了反步法设计的位置和姿态控制器。

四、四旋翼无人机系统的滑模控制

1. 滑模控制基础

滑模控制是一种以经典数字控制理论为基础的控制算法，是一种特殊的非线性控制系统。滑模控制的原理是根据系统所期望的动态特性来设计系统的切换面，通过滑动模态控制器使系统状态从切换面之外向切换面收束。系统一旦到达切换面，控制作用将保证系统沿切换面到达系统原点，这一沿切换面向原点滑动的过程称为滑模控制。

滑模控制对被控系统参数变化不敏感，抗干扰能力强，动态性能好，具有很好的鲁棒性和很强的自适应性。缺点是控制效果取决于控制系统数学模型的精确程度，在控制过程中系统会由于开关器件的时滞以及控制系统固有的惯性等影响而存在抖振现象。

非线性控制系统的状态方程式为

$$\dot{x} = f(x, U, t) \qquad x \in R^n, U \in R^m, t \in R \tag{3-105}$$

采用滑模控制，需要定义切换函数为

$$S = S(x) \qquad S \in R^m \tag{3-106}$$

设控制变量 $U(x)$ 按下列逻辑在切换面 $S(x)=0$ 上进行切换

$$U(x)=\begin{cases}U^+(x) & S(x)>0 \\ U^-(x) & S(x)<0\end{cases} \tag{3-107}$$

变结构体现在 $U^+(x)\neq U^-(x)$。为了保证在切换面 $S(x)=0$ 任何一侧邻域中，系统状态的运动都趋向于切换线，控制系统要满足滑模控制的到达条件，即

$$S(x)\dot{S}(x)<0 \tag{3-108}$$

变结构控制系统的运动过程是由两个阶段的运动组成的。第一阶段是正常运动，它全部位于切换面之外，或有限次穿越切换面；第二阶段是滑动模态，完全位于切换面上的滑动模态区。每一段运动的品质均与所选的切换函数及控制变量有关。选择控制变量使其接近过程，即正常运动段的品质得到提高；选择切换函数使滑动模态的运动品质得到保证和改善。

在滑模控制系统中，提出各种趋近率，保证正常运动的品质。典型的趋近律有等速趋近律、指数趋近律、幂次趋近律、一般趋近律等。

（1）等速趋近律

$$\dot{S}=-\varepsilon\,\mathrm{sgn}(S) \qquad \varepsilon>0 \tag{3-109}$$

常数 ε 表示系统运动点趋近切换面 $S(x)=0$ 的速率，如果 ε 较小，则趋近速度慢，调节过程时间长；如果 ε 较大，则趋近速度较快，但会引起系统较大的抖振。

（2）指数趋近律

$$\dot{S}=-\varepsilon\,\mathrm{sgn}(S)-kS \qquad \varepsilon>0,k>0 \tag{3-110}$$

ε 仍然表示系统运动点趋近切换面 $S(x)=0$ 的速率；k 表示指数趋近阶次。在指数趋近率中，为了保证快速趋近的同时削弱抖振，应在增大 k 的同时减小 ε。

（3）幂次趋近律

$$\dot{S}=-k\,|S|^n\mathrm{sgn}(S) \qquad k>0,1>n>0 \tag{3-111}$$

（4）一般趋近律

$$\dot{S}=-\varepsilon\,\mathrm{sgn}(S)-f(S) \qquad \varepsilon>0 \tag{3-112}$$

其中，$f(0)=0$，当 $S\neq0$ 时，$Sf(S)>0$，其他情况与指数趋近律类似。

上述四种趋近律都满足滑模控制的到达条件。

设计变结构滑模控制系统基本可分为两步：一是设计切换函数，使它确定的滑动模态渐进稳定且具有良好的动态品质；二是设计滑模控制器，求控制变量，使到达条件得到满足，从而在切换面上形成滑动模态区。

2. 基于滑模控制的四旋翼无人机控制系统

对于多旋翼无人机，首先进行其位置控制设计。设计位置切换函数为

$$s_1 = C_1(z_d - z) + (\dot{z}_d - \dot{z}) \tag{3-113}$$

式中，C_1 为待定系数；z_d 为期望垂直位移。

对式(3-113) 进行微分得

$$\dot{s}_1 = C_1(\dot{z}_d - \dot{z}) + (\ddot{z}_d - \ddot{z}) = C_1(\dot{z}_d - \dot{z}) + \ddot{z}_d - \frac{(\cos\theta\cos\phi)U_1}{m} + g \tag{3-114}$$

指数趋近律设计的切换函数有如下导数形式。

$$\dot{s} = -\varepsilon\,\mathrm{sgn}(s) - ks \tag{3-115}$$

式中，$\varepsilon > 0$，$k > 0$，$-\varepsilon\,\mathrm{sgn}(s)$ 为等速趋近项，$-ks$ 为指数趋近项，这样就可以使系统能够在有限的时间内到达滑模切换面。根据式(3-113)~式(3-115) 可得位置控制方程为

$$U_1 = \frac{m}{\cos\theta\cos\phi}[s_1\,\mathrm{sgn}(s_1) + k_1 s_1 + g + C_1(\dot{z}_d - x_8) + \ddot{z}_d] \tag{3-116}$$

对于多旋翼无人机，要进行姿态角控制设计。以横滚角为例，设计基于滑模控制的横滚角控制器。根据无人机非线性状态方程式，设计切换函数为

$$s_2 = C_2(\phi_d - \phi) + (\dot{\phi}_d - \dot{\phi}) \tag{3-117}$$

式中，C_2 为待定系数；ϕ_d 为期望横滚角。

对式(3-117) 进行微分得

$$\dot{s}_2 = C_2(\dot{\phi}_d - \dot{\phi}) + (\ddot{\phi}_d - \ddot{\phi}) = C_2(\dot{\phi}_d - x_2) + (\ddot{\phi}_d - a_1 x_2 x_4 - b_1 U_2) \tag{3-118}$$

指数趋近律设计的切换函数有如下导数形式。

$$\dot{s} = -\varepsilon\,\mathrm{sgn}(s) - ks \tag{3-119}$$

式中，$\varepsilon > 0$，$k > 0$，$-\varepsilon\,\mathrm{sgn}(s)$ 为等速趋近项，$-ks$ 为指数趋近项，这样就可以使系统能够在有限的时间内到达滑模切换面。根据式(3-117)~式(3-119) 及状态方程可得控制方程为

$$U_2 = \frac{1}{b_1}[\varepsilon_2\,\mathrm{sgn}(s_2) + k_2 s_2 + C_2(\dot{\phi}_d - x_2) - \ddot{\phi}_d - a_1 x_2 x_4] \tag{3-120}$$

同理可得俯仰角和偏航角的控制方程为

$$U_3 = \frac{1}{b_2}[\varepsilon_3\,\mathrm{sgn}(s_3) + k_3 s_3 + C_3(\dot{\theta}_d - x_4) - \ddot{\theta}_d - a_3 x_2 x_6] \tag{3-121}$$

$$U_4 = \frac{1}{b_3}\{\varepsilon_4\,\mathrm{sgn}[s_4 + k_4 s_4 + C_4(\dot{\psi}_d - x_6) - \ddot{\psi}_d - a_5 x_2 x_3]\} \tag{3-122}$$

由此得到滑模变结构设计的无人机位置和姿态控制规律。

第四章

多旋翼无人机DIY

第一节 如何拥有自己的无人机

无人机爱好者拥有属于自己的无人机是最大的梦想。如何拥有自己的无人机，主要有两种途径：一是购买市场上的成品无人机，二是自己设计组装无人机。

一、购买成品无人机

市场上销售的成品无人机连同遥控器、机载设备一并销售，不需要动手组装任何部件，只要阅读说明书，按说明书进行安装和设置，为电池充电，无人机就能起飞。这些无人机的飞行性能优越，在出厂前已经进行调试。这种无人机很适合急于使用无人机的人。但这类无人机无法更换遥控器和机载设备，损坏后必须更换与原件一模一样的零件。

以航拍无人机为例，各种无人机航拍设备机型纷纷推出市场，让有购买需求的买家看得眼花缭乱，无从下手，但其主要类别基本都是电动多旋翼产品，价格从几百元到几万元不等，有玩具厂生产的几百元的带摄像头的玩具级航拍器，有大厂生产及代理的，也有个体商家自己组装的。

那么到底如何选择和选购无人机航拍设备呢？

（1）从自己的需求出发

① 用途是什么？娱乐、旅游记录、公司业务需求采购、业务应用？

② 需要得到什么品质的照片或视频？

③ 尺寸大小、飞行稳定性以及坠损率？

④ 有没有 GPS、地面控制站等自适航技术？后期投入大不大？

（2）选择无人机航拍设备品牌 口碑较好的品牌，市场上已经有一定的用户基础，大家都在用的设备，总不会很差；而且这类无人机航拍设备厂家比较重视售后服务，选择好的产品就是要选择好的服务，这是最重要的。

（3）选择售后服务

① 网店或者实体是否送培训服务？培训几个人？培训时间？

② 售后问题处理时效怎么样？新手操控难免会出现各种状况，这就需要专业的售后指导。

③ 无人机航拍设备保修时间是多久？

（4）考虑预算

① 玩具级航拍器如图 4-1 所示，价格相差较大，在 100～1000 元之间，都是不带增稳云台的，仅仅是有一个小摄像头的小型飞行器，这类飞机基本不带 GPS 和智能地面控制端，风力较大时需要手动修正飞机的位置，不能像带有 GPS 模块的飞行器基本不受风力影响而实现定点和定高飞行，但是它们的价格低廉，维修简单，后期投入小，只要通过一部智能手机就能在地面对空中进行实时拍摄取景，只是拍摄的画面稳定性和画质仅能达到自娱自乐的水平。

② 航模级航拍器如图 4-2 所示，稳定性更好，价格也要高很多，在几千元不等，功能丰富，全套到手即飞，售后完善，一般都带有增稳云台和 GPS，简单阅读说明书就能轻松上手。

图 4-1　玩具级航拍器

图 4-2　航模级航拍器

③ 准专业级航拍器如图 4-3 所示，全套配置齐全的价格基本在 1 万元以上，要求有一定的动手能力和航模基础，或起码要有一定的了解和知识储备，此类无人机相对画质优秀，稳定性较高，适合"发烧级"玩家和入门商业航拍使用。

④ 专业级航拍器如图 4-4 所示，价格在几万元至十几万元不等，主要用于专业影视航拍。需要有相当多的航模经验，同时需要另一名操控云台的人员来配合拍摄。缺少航模经验的爱好者或商业公司，尽量

图 4-3　准专业级航拍器

选择大厂出品的成套专业设备，这类设备往往经过了长期的测试和改良，自己配置遥控器和接收机以及锂电池＋充电器即可，选择这类产品，一般都会提供良好的售后，同时，出售此类无人机的商家，往往都会附送相对完善的培训。

图 4-4 专业级航拍器

二、自己组装无人机

自己组装无人机有两条路径：第一条是购买成套的 DIY 组件，按照说明书进行组装，如图 4-5 所示；第二条是自己设计一款无人机，购买主要部件进行组装。

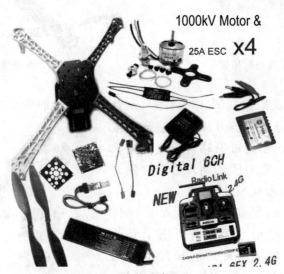

图 4-5 无人机成套 DIY 组件

第二节 多旋翼无人机主要部件选择

以四旋翼无人机为例，介绍多旋翼无人机的组装过程。组装多旋翼无人机需要的主要部件有机架、电动机、电调、螺旋桨、飞控、电池、遥控器等。

一、机架的选择

常见的四轴机架有十字形、X 形、H 形。可以购买市场销售的机架，如图 4-6 所示，也可以自己设计，再用 3D 打印机打印出来，如图 4-7 所示。

图 4-6 各种机架

机架的常见尺寸有 250、350、400、450、550、650 等，这些数字代表对角电动机位置之间的距离，单位是毫米（mm），建议初学者选择尺寸较大的机架，飞行起来会很稳。这里选择威海星煜无人机科技有限公司设计的 DIY 用 XINGYU C1 机架（图 4-8），它由机体、上盖、机臂、起落架等组成，机架质量约为 380g，电动机轴距为 360mm。

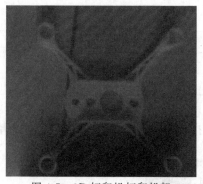

图 4-7 3D 打印机打印机架

图 4-8 XINGYU C1 机架

二、电动机的选择

选择银燕 MT2204 无刷电动机，KV 值为 2300，质量约为 58g，如图 4-9 所示。

三、电调的选择

电调和电动机要合理匹配，电调的输出电流必须要大于电动机的最大电流。这里选择银燕 Lightning-20A 电调（图 4-10），它的持续输出电流为 20A，瞬间电流为 30A，质量为 4.78g。每个电动机配一个电调，需要 4 个电调。

图 4-9   银燕 MT2204 无刷电动机   图 4-10   银燕 Lightning-20A 电调

四、螺旋桨的选择

螺旋桨一般与电动机的选择相对应，大螺旋桨需要用低 KV 值电动机，小螺旋桨需要高 KV 值电动机。表 4-1 列举了几种电动机与螺旋桨的匹配。

表 4-1   几种电动机与螺旋桨的匹配

电机(KV 值)	螺旋桨/in
800～1000	10～11
1000～1200	9～10
1200～1800	8～9
1800～2200	7～8
2200～2500	6～7
2500～2600	5～6

注：1in≈2.54cm，下同。

2204 电机的 KV 值为 2300，所以选择 6040 螺旋桨（图 4-11），其直径为

图 4-11   6040 螺旋桨

6.0in，螺距为 4.0in，是一对正反桨，需要 2 对。

五、飞控的选择

飞控有多种品牌，价格和性能相差较大，根据实际情况选择适合自己的飞控。对于初学者，可以选择价格便宜、具有基本功能的飞控即可。选择银燕 SKYline32 飞控（图 4-12），不含线的质量为 3.2g。

图 4-12　银燕 SKYline32 飞控

六、电池的选择

电池的选择要综合考虑电动机、电调、续航能力等因素，电池的电压要等于或小于电动机的最大电压，电池输出的电流一定要大于电动机的最大电流；电池电压不能超过电调最高承载电压，电池的持续输出电流要大于电调的最大持续输出电流；电池容量越大，续航能力越强。2600mA·h、7.4V 锂电池如图 4-13 所示。

图 4-13　2600mA·h、7V 锂电池

七、遥控器的选择

遥控器有多种品牌，价格相差较大，可根据预算和需要购买适合自己的遥

控器。初学者可以购买价格相对便宜的 6 通道遥控器，如图 4-14 所示。与此遥控器相配套的接收器如图 4-15 所示。

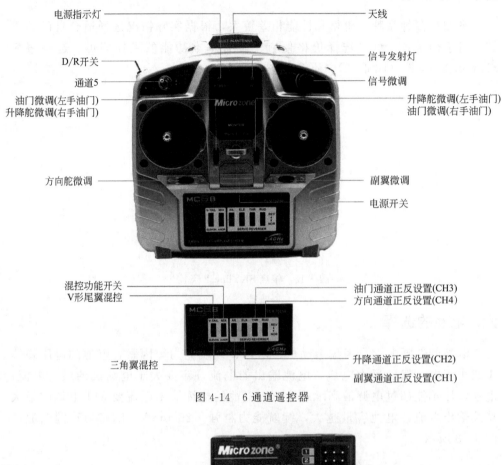

图 4-14   6 通道遥控器

图 4-15   接收器

除上述主要部件外，还应选择一些安装用的附件，如香蕉头、线束（线排）、螺钉、绑扎、粘扣等。

第三节   多旋翼无人机组装

购买多旋翼无人机主要部件以后，就可以尝试组装了。电动机、电调、螺旋桨、飞控、电池等主要部件都要安装在机架上，要注意安装位置和方向。安装前，要仔细阅读所购买部件的使用说明书。一般四旋翼无人机组装按以下步骤进行。

第一步，准备好机架。了解各部件在机架上的安装位置。

第二步，安装电动机。把 4 个电动机安装到机架相应位置上。安装电动机时，要注意将电动机固定牢固，拧螺钉时注意不要先将一边的螺钉拧紧，而是先将一个电动机的所有螺钉拧上，然后，将每一个螺钉拧紧。固定好后，需要用手稍加用力摇动电动机，检查是否将电动机固定牢固。

第三步，安装电调。电调一般安装在机架的机臂上，每个机臂安装一个电调并固定好，电调输出端的 3 根粗线与无刷电动机的 3 根线连接好。

第四步，安装飞控。飞控板安装在机架的中心位置，安装飞控时必须注意安装方向。一般飞控都有一个指示箭头指向飞控的正前方，飞控上的箭头必须与无人机飞行的正前方相同，否则会造成灾难性的后果。飞控板固定好以后，把电调的信号线插在飞控板的相应位置上。

第五步，安装电池。电池安装在机架中间的电池夹上，并一起插入到机身中固定，电调输入端的 2 根粗线与电池连接。

第六步，安装遥控接收器。把遥控接收器安装在机架的适当位置上并固定，接收器与飞控连接。

第七步，遥控器对码。按照遥控器说明进行对码并进行相关设定。

第八步，安装螺旋桨。遥控器操控电动机正常运转后，再安装螺旋桨。螺旋桨要固定在电动机轴上，要注意正反桨，相对应的桨是同方向桨。

组装后的无人机样式如图 4-16 所示。

图 4-16　组装后的无人机样式

第九步，飞行测试。当所有的工作都做完后，就要进行飞行测试。这一步非常关键，但也有危险。

（1）油门的测试　将无人机平稳地放在地面，慢慢向上推油门摇杆，四个无刷电动机转动，可以听到风声。

（2）方向舵的测试　慢慢向左推动方向舵摇杆，左前方的无刷电动机停转；慢慢向右推动方向舵摇杆，右前方的无刷电动机停转。

（3）升降舵的测试　慢慢向前推动升降舵摇杆，无人机前面的两个电动机停转；慢慢向后推动升降舵摇杆，无人机后面的两个电动机停转；慢慢向左推动横滚摇杆，无人机左边的两个电动机停转；慢慢向右推动横滚摇杆，无人机右边的两个电动机停转。

第五章

多旋翼无人机飞行训练

第一节　多旋翼无人机飞行注意事项

多旋翼无人机的螺旋桨转速快，飞行安全至关重要。在操控无人机之前，要仔细阅读无人机使用手册。

一、飞行环境要求

多旋翼无人机飞行环境具有以下要求。

① 尽量选择平坦地面启动一键起飞和一键降落功能。

② 在前 10 次起飞前，确保起飞点周围 50m 内、无人机飞行环境 50m 内无遮挡物，远离人群。

③ 恶劣天气下请勿飞行，如大风、下雪、下雨、有雾天气等。

④ 选择开阔、周围无高大建筑物的场所作为飞行场地，避免无人机返航时发生碰撞。大量使用钢筋的建筑物会影响指南针的工作，而且会遮挡 GPS 信号，导致无人机定位效果变差，甚至无法定位。

⑤ 飞行时，保持在视线内控制，远离障碍物、人群、树木、水面、高压线等。

⑥ 不要在电磁环境较为复杂的场所飞行，如高压线附近、大型电力设备附近、移动通信基站附近、高大建筑群附近等，以免遥控器受到干扰。

⑦ 较大的灰尘或者细沙会卡住电动机，避免在此类环境下飞行。

⑧ 在南极北极，无法启用定位模式，但可以使用姿态模式飞行。

⑨ 不要在法律或法规限制的禁飞区内飞行，如机场、天安门广场等。

⑩ 在海拔 6000m 以上的区域飞行，由于环境因素会导致无人机电池及动力系统性能下降，飞行性能将会受到影响，请谨慎飞行。

二、飞行检查和注意事项

无人机飞行作业过程中的意外事故很大一部分是因为前期无人机检查工作不够仔细。无人机上面任何一个小问题都极有可能导致在飞行过程中出现重大事故，因此在飞行之前应该做足检查，防患未然。

1. 通电前

无人机通电前，机械部分要做好以下检查。

① 检查螺旋桨是否完好，表面是否有污渍和裂纹；安装是否紧固，螺旋桨正反桨是否安装正确；转动螺旋桨看是否有干涉。

② 检查电动机卡环是否牢固，转动电动机是否有卡涩现象，电动机线圈内部是否洁净，电动机轴有无明显的弯曲。

③ 检查机架是否牢固，螺钉有无松动。

④ 检查云台舵机转动是否顺畅，有无干涉，云台、相机安装是否牢固。

⑤ 检查电池是否固定。

⑥ 检查重心位置是否正确。

电子部分要做好以下检查。

① 检查各插头连接是否紧固，插头与电线焊接部分是否有松动。

② 检查各电线外皮是否完好，有无剐蹭脱皮现象。

③ 检查电子设备是否安装牢固，应保证电子设备清洁、完整，并做好防护。

④ 检查磁罗盘、IMU 指向是否正确。

⑤ 检查电池有无破损、胀气、漏液现象；测量电压是否足够。

⑥ 检查遥控器模式是否正确，电量是否充足，开关是否完好，先开遥控器，再给无人机通电。

2. 通电后

无人机通电后，做好以下检查。

① 电调指示音是否正确。

② 电源开启后，相机和云台工作是否正常。

③ 各电子设备有无不正常发热现象

④ 各指示灯是否正常。

3. 预飞行

无人机正式飞行前，做好以下工作。

① 轻微推动油门，观察各个旋翼工作是否正常，举起无人机晃动，看无人机是否能够自稳。

② 进行前后左右飞行、自旋，观察无人机飞行是否正常，检查遥控器舵量是否正确，各工作模式是否正确，云台是否正常工作。

③ 进行一个四边航线飞行。进行几个大机动飞行，观察无人机工作是否正常。

一台飞行中的多旋翼无人机速度可达到 40km/h，如果发生失控、坠落等情况，后果不堪设想。因此，一位合格的飞手不仅要做到缜密的飞行前准备，还要密切留意无人机在飞行中的各种状态，同时要保证无人机的日常维护。

4. 飞行中

无人机在飞行中，要注意以下事项。

① 飞手应时刻清楚无人机的姿态、飞行时间、位置及其状态。

② 确保无人机和人员处于安全距离，否则进行调整或降落。

③ 确保无人机电量足够其返航及安全降落。

④ 若远距离或超视距操控，监控人员密切监视地面控制站中无人机飞行高度、飞行速度、电池电压、卫星数量等信息，并及时告知飞手电池电压、飞行高度等信息或其他意外情况。

⑤ 若出现飞行中丢失卫星导致无人机失控现象发生时，切换飞行模式可重新获得无人机的控制权，尽快降落。

⑥ 无人机远距离丢失其姿态信息时，应保持冷静，可通过轻微调整摇杆观察其移动方向，重新清楚其姿态。

⑦ 自动返航是一项保障功能，由于其返航成功与否涉及因素较多，不能确保万无一失，一般不主动使用，只作为无人机安全的额外保障。

⑧ 若无人机发生较大故障，要首先确保人员安全。

5. 飞行结束后

飞行结束后，要做好以下工作。

① 无人机降落后，确保遥控器已锁定，先切断接收端的各类电源，再切断飞射端的电源。

② 检查电量、无人机和机载设备。

③ 相关设备放置得当。

6. 维护注意事项

无人机维护要注意以下事项。

① 调试无人机时一定确保螺旋桨不在电动机上。

② 锂电池长期不用时应放电到单片电压为 3.8V 左右，否则会极大地影响电池的寿命。

③ 锂电池充电单片电压不能超过 4.2V，切忌过度充电，否则会有爆炸的危险。

④ 不要短接电池，不要用尖锐物品刺破电池，否则会有爆炸危险。

⑤ 锂电池不能过度放电，一般放电到单片电压为 3.6V 左右，过度放电会极大地影响电池的寿命。

⑥ 充电时注意充电电流的大小，切不可超过电池的最大充电电流，否则有爆炸危险。

⑦ 储存锂电池时要远离易燃物。

第二节　多旋翼无人机基本飞行训练

作为一名无人机操控新手，必须先做基本飞行训练。基本飞行训练包括起飞（升高）训练、降落（降低）训练、定高移动训练、方向控制训练和返航降落训练。

无人机的操控主要由遥控器的左右两个摇杆来完成，每个摇杆均有上、下、左、右四个方向运动，分别控制不同的飞行动作。但不同遥控器之间的控制方式略有不同，包括美国手、日本手和中国手，无人机新手们可以根据自己的操控习惯来对遥控器进行改装，实现三种控制方式的任意一种。下面以美国手为例具体介绍一下遥控器的操控方式，如图 5-1 所示。如果是中国手，其控制与美国手相反。

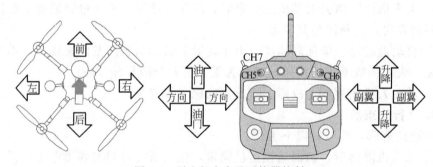

图 5-1　无人机方向及遥控器控制

操控之前需要找准无人机机头和机尾的位置，然后将无人机机头位置对准前方，机尾位置对准飞手。一般情况下机头或机尾在无人机机身上会有标记。

确定无人机方位之后，再了解一下遥控器（美国手）。

遥控器（美国手）左摇杆为油门/方向舵摇杆，其中上下位置为油门摇杆，控制无人机的上升或下降；左右位置为方向舵摇杆，控制无人机左转或右转。右摇杆为升降舵/副翼摇杆，其中上下位置为升降舵摇杆，控制无人机沿机头方向前进或后退；左右位置为副翼摇杆，控制无人机左侧或右侧偏航飞行。

CH5、CH6、CH7 是遥控器的三个通道，分别用于不同模式的开启与关闭。本案例中各个通道的功能会在飞行训练中具体说明。

一、起飞（升高）训练

远离无人机，解锁飞控，缓慢推动油门，等待无人机起飞。其中推动油门动作一定要缓慢，即使已经推动一点儿距离，电动机还没有启动，也要慢慢来，这样可以防止由于油门过大而无法控制无人机。在无人机起飞后，不能保持油门不变，而是无人机到达一定高度后开始降低油门，并不停地调整油门大小，使无人机在一定高度内徘徊。这是因为有时油门稍大无人机上升，有时油门稍小无人机下降，必须控制油门才可以让无人机保证飞行的高度。

无人机起飞训练如图 5-2 所示，其步骤如下。

① 保持 LED 灯（机尾）对着飞手，CH5 在第 3 挡，CH6 在第 1 挡关闭自动模式。

② 将遥控器左摇杆推到左下角位置，右摇杆推到右下角位置，大约 2s 之后，无人机动力系统开始工作。此时，将右摇杆回正，左摇杆推到正下方位置，飞控解锁完毕。由于飞控种类不同，所以解锁方式略有区别，飞手需要针对不同飞控来完成相应的解锁操控。

③ 将油门从正下方位置缓慢提升，并超过 50%，此时，无人机呈现上升状态。

④ 待无人机飞到 3m 高度时推动油门至 50%，此时无人机处于悬停状态，完成起飞。

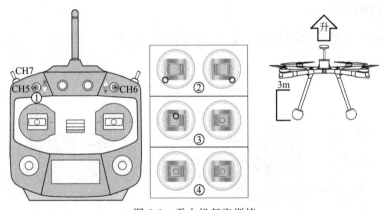

图 5-2　无人机起飞训练

二、降落（降低）训练

降落时，同样需要注意操控顺序。降低油门，使无人机缓慢地接近地面，离地面 5～10cm 处稍稍推动油门，降低下降速度；然后再次降低油门直至无人机触地（触地后不得推动油门）；油门降到最低，锁定飞控。相对于起飞来说，降落是一个更为复杂的过程，需要反复练习。

无人机降落训练如图 5-3 所示，其步骤如下。

① 保持飞机悬停。尽量选择空旷、平坦的路面进行降落练习。

② 缓慢拉低油门，当无人机缓慢下降时保持油门杆位不动，等待无人机降落。

③ 无人机落地后迅速把油门杆拉到底，等待电动机停转，完成降落。

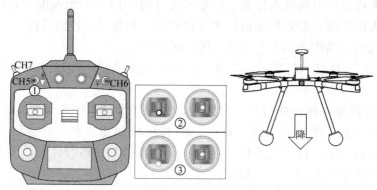

图 5-3　无人机降落训练

在起飞和降落的操控中，还需要注意保证无人机的稳定，无人机的摆动幅度不可过大，否则降落和起飞时，有打坏螺旋桨的可能。

三、定高移动训练

无人机定高移动训练如图 5-4 所示，其步骤如下。

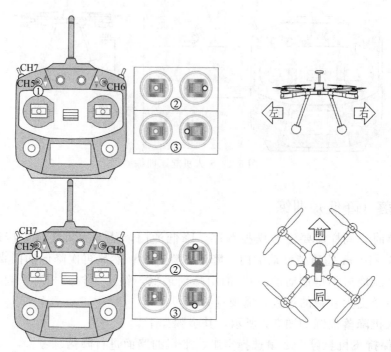

图 5-4　无人机定高移动训练

① 无人机起飞，缓慢推动油门至 50%，保持无人机处于悬停状态。

② 操纵副翼摇杆，练习移动无人机左右位置。当副翼摇杆向右推动时，无人机则向右偏航飞行；当副翼摇杆向左推动时，无人机则向左偏航飞行。在这里需要注意，不同的无人机在操纵副翼摇杆时，无人机偏航方向可能有所不同，需根据实际情况来完成操控训练。

③ 再操纵升降杆，练习移动无人机前后位置。当升降杆向上推动时，无人机则向前方飞行；当升降杆向后推动时，无人机则向后方飞行。

④ 最后把无人机移动到起飞点上空，完成定高移动练习。

四、方向控制训练

无人机方向控制训练如图 5-5 所示，其步骤如下。

① 无人机起飞，缓慢推动油门至 50%，保持无人机处于悬停状态。

② 操纵方向舵摇杆，练习旋转无人机方向。当方向舵摇杆向左推动时，无人机则沿逆时针方向旋转；当方向舵摇杆向右推动时，无人机则沿顺时针方向旋转。在这里需要注意，不同无人机在操纵方向舵摇杆时，无人机转动方向可能有所不同，需根据实际情况来完成操控训练。

③ 最后旋转无人机，让 LED 灯对着飞手，结束练习。

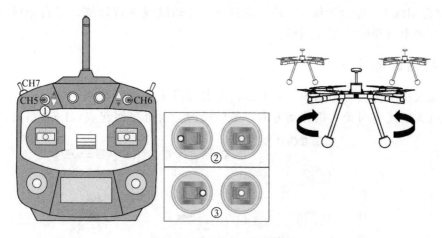

图 5-5　无人机方向控制训练

五、返航降落训练

无人机返航降落训练如图 5-6 所示，其步骤如下。

① 控制无人机进入返航点 25m 内。

② 把 CH6 拨到第 3 挡自动返航模式，等待无人机返航降落着陆。

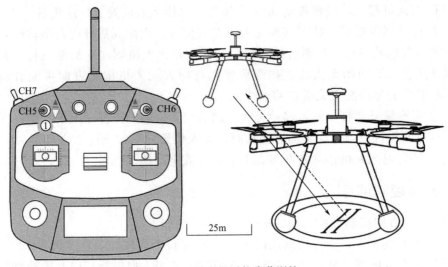

图 5-6　无人机返航降落训练

第三节　多旋翼无人机进阶飞行训练

基本飞行训练以后，可以进行进阶飞行训练。进阶飞行训练包括综合训练1、综合训练2、综合训练3、综合训练4、自动航线飞行训练、半自动航线飞行训练和半自动航线综合训练。

一、综合训练 1

无人机综合训练1如图5-7所示，要求练习无人机飞行矩形航线，高度不变，机头始终朝向无人机移动方向，最后操控无人机飞回起点，LED灯对着飞

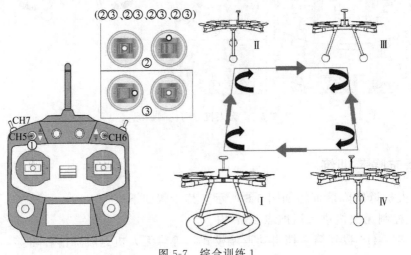

图 5-7　综合训练 1

手，结束练习。步骤如下。

① 无人机起飞，缓慢推动油门至 50%，此时，无人机到达 I 位置，并处于悬停状态。

② 继续保持油门 50%，向上推动升降舵摇杆，无人机则沿机头方向直线飞行。当飞行一定距离后，升降舵摇杆回位，向右推动方向舵摇杆，待无人机沿顺时针方向转过 90°后回正摇杆，此时无人机处于 II 位置。

③ 重复 3 次步骤②的操控，无人机将依次到达 III 位置、IV 位置，最后无人机飞回起点 I 位置，LED 灯对着飞手，结束练习。

二、综合训练 2

无人机综合训练 2 如图 5-8 所示。要求练习无人机飞行矩形航线，高度不变，每个转弯之前需要旋转无人机 180°，最后操控无人机飞回起点，LED 灯对着飞手，结束练习。步骤如下。

① 无人机起飞，缓慢推动油门至 50%，此时，无人机到达 I 位置，并处于悬停状态。

② 继续保持油门 50%，向上推动升降舵摇杆，无人机则向前方直线飞行。当飞行一定距离之后，升降舵摇杆回位，向右推动方向舵摇杆，待无人机沿顺时针方向转过 180°后回正摇杆，此时无人机处于 II 位置，并且机头朝向飞手。

③ 向左推动副翼摇杆，无人机偏航向右方向直线飞行。当飞行一定距离之后，副翼摇杆回位，向右推动方向舵摇杆，待无人机沿顺时针方向转过 180°后回正摇杆，此时无人机处于 III 位置，并且机尾朝向飞手。

④ 向后推动升降舵摇杆，无人机则向后方直线飞行。当飞行一定距离之后，升降舵摇杆回位，向右推动方向舵摇杆，待无人机沿顺时针方向转过 180°后回正摇杆，此时无人机处于 IV 位置，并且机头朝向飞手。

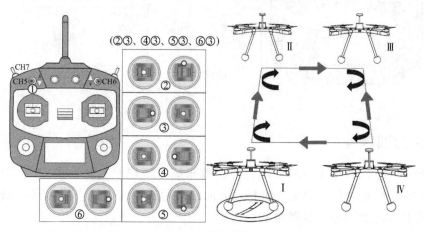

图 5-8　综合训练 2

⑤ 向右推动副翼摇杆，无人机偏航向左方直线飞行。当飞行一定距离之后，副翼摇杆回位，向右推动方向舵摇杆，待无人机沿顺时针方向转过 180°后回正摇杆，此时无人机回到起点 Ⅰ 位置，LED 灯对着飞手，结束练习。

三、综合训练 3

无人机综合训练 3 如图 5-9 所示。要求练习操控无人机飞行圆形航线，高度不变，机头始终朝向无人机移动方向，最后操纵无人机飞回起点，LED 灯对着飞手，结束练习。步骤如下。

① 无人机起飞，缓慢推动油门至 50%，并处于悬停状态。

② 同时操纵升降舵摇杆和方向舵摇杆。当向上推动升降舵摇杆时，同时向右推动方向舵摇杆，无人机则会沿着顺时针方向飞行；当向下推动升降舵摇杆时，同时向左推动方向舵摇杆，无人机则会沿着逆时针方向飞行。

③ 当顺时针或逆时针飞行 360°后，升降舵摇杆和方向舵摇杆回正，无人机飞回起点，LED 灯对着飞手，结束训练。

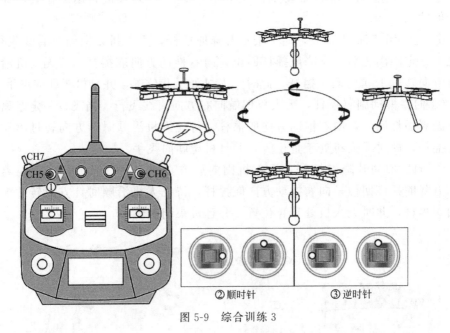

图 5-9　综合训练 3

四、综合训练 4

无人机综合训练 4 如图 5-10 所示。要求练习操控无人机飞行"8"字航线，高度不变，机头始终朝向无人机移动方向，最后操控无人机飞回起点，LED 灯对着飞手，结束练习。步骤如下。

① 无人机起飞，缓慢推动油门至 50%，此时，无人机到达 Ⅰ 位置，并处

于悬停状态。

②　向上推动升降舵摇杆时，同时向右推动方向舵摇杆，无人机则会沿着顺时针方向飞行。当转过 90°到达Ⅱ位置后，方向舵摇杆向左推动，升降舵摇杆位置不变，此时，无人机将沿逆时针转方向飞行。当转过 360°后再次到达Ⅱ位置，此时再次向右推动方向舵摇杆，升降舵摇杆位置不变，则无人机再次沿顺时针方向转动。当转过 270°后再次到达Ⅰ位置，此时将升降舵摇杆和方向舵摇杆回正，无人机飞回起点，LED 灯对着飞手，结束练习。

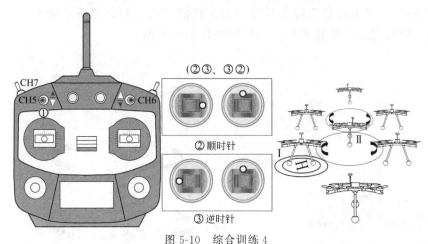

图 5-10　综合训练 4

五、自动航线飞行训练

自动航线飞行训练如图 5-11 所示。设置一个矩形飞行航线，控制无人机起

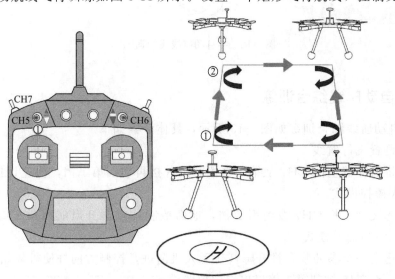

图 5-11　自动航线飞行训练

飞悬停。把CH6拨到第2挡自动导航模式，点击地面控制站上的开启航线-自动航线，等待无人机飞到第①点悬停，在地面站把目标点改为②，无人机沿航线飞行。把CH6拨到第1挡退出自动导航模式。

六、半自动航线飞行训练

半自动航线飞行训练如图5-12所示。设置一个矩形飞行航线，控制无人机起飞悬停，把CH6拨到第2挡自动导航模式，点击地面控制站上的开启航线-半自动航线，推遥控器升降舵摇杆，无人机沿航线飞行，松开升降杆，无人机悬停在原地。把CH6拨到第1挡退出半自动导航模式。

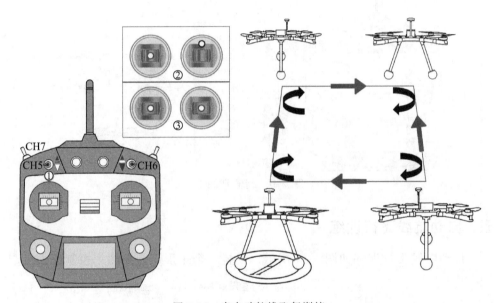

图 5-12   半自动航线飞行训练

七、半自动航线综合训练

半自动航线综合训练如图5-13所示，具体步骤如下。

① 设置飞行航线。

② 将遥控器上的CH7从第1挡拨到第3挡再切回第1挡，快速切换3次，进入单人操控模式。

③ 起飞后，将CH7拨到第2挡，地面控制站点击开启航线-半自动航线，进入单人空中摇臂模式。

④ 选定一个参照物，推升降杆让无人机前进，控制方向杆使机体始终对准参照物。将CH6拨到第1挡退出空中摇臂模式。

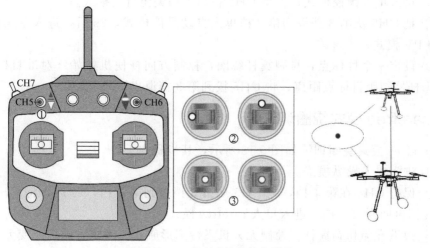

图 5-13 半自动航线综合训练

第四节 多旋翼无人机专业飞行训练

无人机专业飞行操控训练包括 FPV 模式绕圈训练和 carefree 模式绕圈训练。

一、FPV 模式绕圈训练

FPV 模式绕圈训练如图 5-14 所示，其步骤如下。

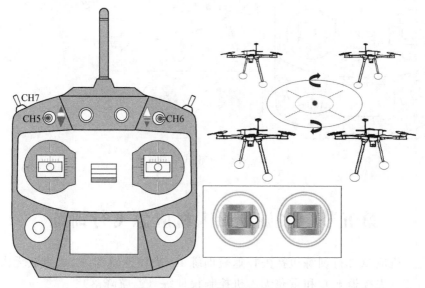

图 5-14 FPV 模式绕圈训练

① 进入单人操控模式；保持 CH6 在第 1 挡关闭自动模式。

② 把 CH5 从第 3 挡拨到第 2 挡单人自动悬停模式，2s 后，进入单人自动悬停 FPV 模式。

③ 设定一个目标点，打副翼杆绕圈，控制方向杆使机体始终对准目标点，用升降杆控制距目标点距离；将 CH5 拨到第 3 挡退出 FPV 模式。

二、carefree 模式绕圈训练

carefree 模式绕圈训练如图 5-15 所示，其步骤如下。

① 进入单人操纵模式。

② 保持 CH6 在第 1 挡，把 CH5 从第 3 挡拨到第 2 挡，2s 后，将 CH5 拨回第 3 挡再回到第 2 挡，进入单人 carefree 模式。

③ 操纵升降和副翼杆，控制无人机飞行圆形航线。操纵方向杆改变无人机方向，继续飞圆形航线，体会机头方向改变后，操控参考方向仍以进入该模式时的方向为准。将 CH5 拨到第 3 挡退出 carefree 模式。

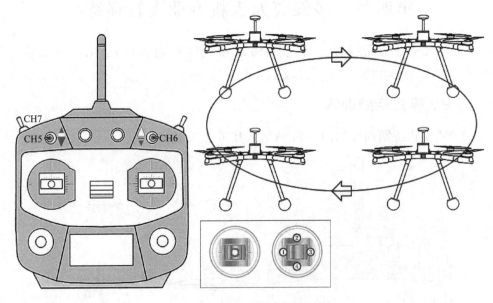

图 5-15　carefree 模式绕圈训练

第五节　多旋翼无人机应急飞行训练

无人机应急飞行训练包括失控返航训练 1、失控返航训练 2、重获无人机控制权训练（失控返航）和重获无人机控制权训练（返航降落）。

一、失控返航训练 1

失控返航训练 1 如图 5-16 所示。

无人机飞行控制系统能自动记录返航点,当飞行过程中出现控制信号丢失,即无线遥控控制链路中断的情况,飞行控制系统能自动计划返航路线,实现自动返航和降落,使飞行或航拍更加安全可靠。

控制无人机进入返航点 25m 内,关闭遥控器,等待无人机返航降落。

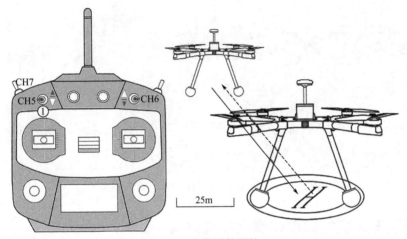

图 5-16 失控返航训练 1

二、失控返航训练 2

失控返航训练 2 如图 5-17 所示,控制无人机进入返航点 25m 内,3m 高度,关闭遥控器,等待无人机升高到 20m,然后返航降落。

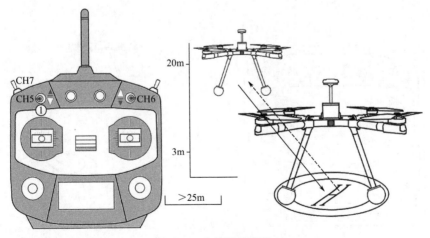

图 5-17 失控返航训练 2

三、重获无人机控制权训练（失控返航）

重获无人机控制权训练（失控返航）如图 5-18 所示，控制无人机进入返航点 25m 内，关闭遥控器，等待无人机进行返航降落。在无人机降落前，把油门杆放到中位，再打开遥控器，重获无人机控制权。

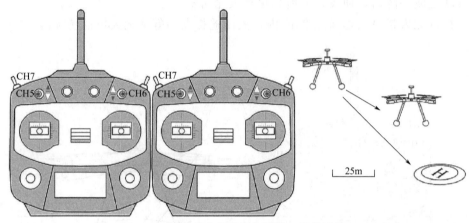

图 5-18　重获无人机控制权训练（失控返航）

四、重获无人机控制权训练（返航降落）

重获无人机控制权训练（返航降落）如图 5-19 所示，控制无人机进入返航点 25m 内，将 CH6 拨到第 3 挡，等待无人机进行返航降落。在无人机降落前，把油门杆放到中位，将 CH5 切换到第 1 挡，重获无人机控制权。

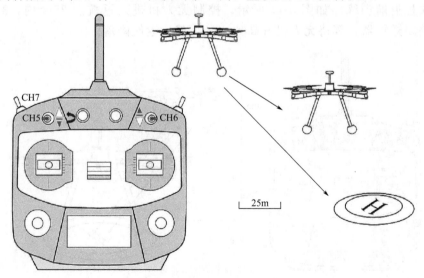

图 5-19　重获无人机控制权训练（返航降落）

第六节　模拟器飞行训练

无人机爱好者也可以通过航模模拟器进行飞行训练。模拟器就是利用遥控器操控计算机画面中的虚拟无人机飞行，和现实中的飞行基本一致，仿真度很高。虽然模拟器并不能代替真机飞行的那种刺激感，但是对于训练飞行技巧有很多好处。

一、使用航模模拟器训练的优点

使用航模模拟器训练具有以下优点。

① 降低炸机频率，节约时间和成本。对于无人机操控新手，炸机是不可避免的，有可能造成无人机损坏，所以新手入门先从模拟器练起，达到一定水平后再练习真机飞行，是最为合理的学习方式。

② 没有电量限制，可以长时间练习。多旋翼无人机电池容量有限，飞行时间一般不超过 20min。在入门阶段，需要长时间的训练，模拟器没有电量限制，可以满足长时间训练要求。

③ 不受地点、天气等条件的限制。无人机训练有严格的场地要求和天气要求，而模拟器不受这些条件的限制。

④ 可以快速提升技术。利用模拟器可以练习各种飞行技巧，如空翻、倒飞、急停、穿越等，这些动作如果用真机训练是很危险的。

二、凤凰模拟器

凤凰模拟器（Phoenix RC）是目前最为流行的一款航模模拟器，主要有 4.0 版本和 5.0 版本，其包装如图 5-20 所示。

图 5-20　凤凰模拟器包装

凤凰模拟器支持的遥控器有天地飞、JR、FUTABA、地平线、华科尔、富斯（FS）、乐迪、KDS（固朗）、蓝宇等；语言有中文简体、繁体、英文供选择；安装环境可以是 XP、Windows7、Windows8 和 Vista。

凤凰模拟器软件界面如图 5-21 所示，它包括系统设置、选择模型、选择场地、查看信息、飞行记录、训练模式、比赛模式、多人联机和帮助。

在正式使用模拟器进行训练之前，要

图 5-21　凤凰模拟器软件页面

进行模拟器的安装和设置，其中最主要的是遥控器的设置。

　　模拟器按照提示安装完毕后，第一次启动要进行设置。首先设置新遥控器，进入新遥控器设置界面，如图 5-22 所示。

　　单击"下一步"按钮，按照提示将遥控器上的微调钮和摇杆全部处于中立位置，遥控器各功能处于默认位置，一直到出现遥控器中点校准界面，

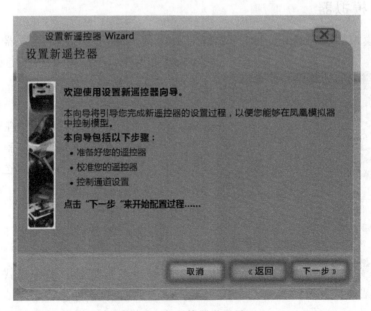

图 5-22　新遥控器设置界面

如图 5-23 所示。

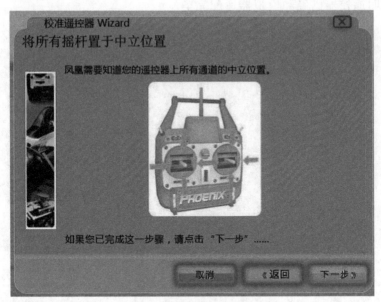

图 5-23　遥控器中点校准界面

　　单击"下一步"按钮，进行摇杆最大行程的校准，此时应根据提示需要将摇杆触及摇杆槽的四个角，也就是摇杆的上下左右都要达到最大的程度，其校准的效果如图 5-24 所示。其中 1～8 表示遥控器的不同通道。可以试着在左右或上下一个方向来回摆动，以便确认对应的通道是哪一个。

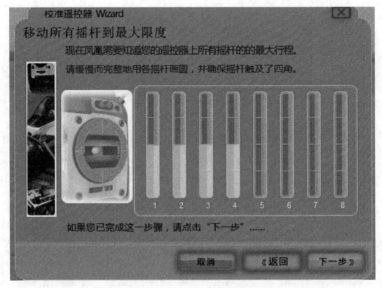

图 5-24　摇杆最大行程校准的效果

调整完毕后，单击"下一步"按钮，出现摇杆校准完成的界面，如图 5-25 所示，表明遥控器已经和模拟器适配完毕。

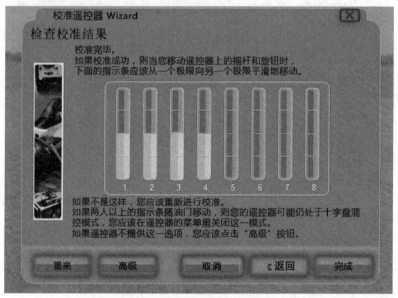

图 5-25　遥控器摇杆校准完成界面

把遥控器改成喜欢的名字。如图 5-26 所示，可以修改 New Profile Copy 来改变配置文件的名字，也可以通过这个修改对应自己手上的不同遥控器。其中的设置类型选择"快速设置"，等熟练使用此软件后再尝试使用"高级设置"。

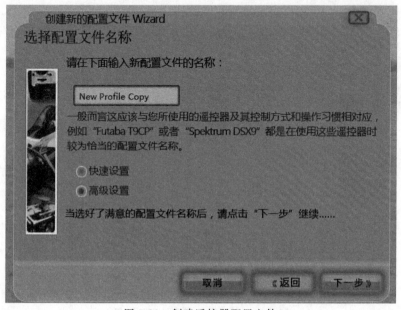

图 5-26　创建遥控器配置文件

单击"下一步"按钮，出现所有摇杆置于中位的界面，如图 5-27 所示。用户将摇杆和微调钮全部放在中立位置，并将各个开关处于默认位置。

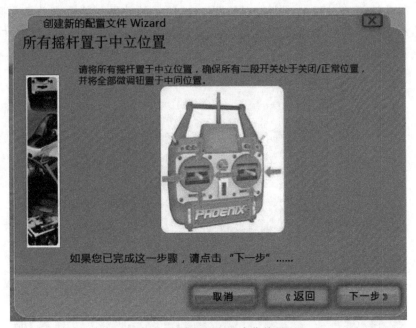

图 5-27 所有摇杆置于中位的界面

单击"下一步"按钮，出现引擎控制界面，如图 5-28 所示。在这个界面下

图 5-28 引擎控制界面

需要移动油门摇杆，将油门推到最高位置，然后拉到最低位置，这样操控两三次即可。

在移动油门的过程中，会出现如图 5-29 所示的效果，其中滑动条会随着摇杆的移动有所不同。如果在设置过程中发现移动错了摇杆，可以单击"重试"按钮重新设置。

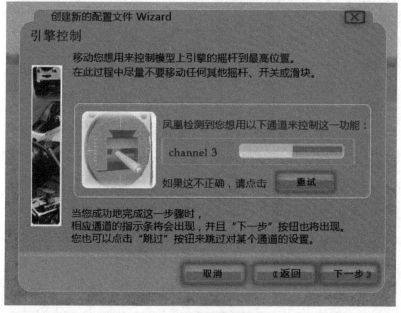

图 5-29　引擎设置效果图

单击"下一步"按钮，出现桨距控制设置界面。桨距一般用于直升飞机操控，对于多旋翼无人机没有作用，可以单击"Skip"按钮跳过这一设置，进入方向舵控制界面，如图 5-30 所示。

方向舵的设置与引擎设置一样，只需要将方向摇杆左右打到最顶端即可。设置完成后，单击"下一步"按钮，出现升降舵控制界面，如图 5-31 所示。

升降舵的控制映射到多旋翼无人机的操控应该是俯仰控制，即控制无人机前行后退的操控。设置方式和引擎设置方式一样。设置完成后，单击"下一步"按钮，进入副翼舵控制界面，如图 5-32 所示。

副翼舵控制映射到多旋翼无人机的操控应该是横滚控制，即控制无人机左右飞行。设置方式与引擎设置方式一样。设置完成后，单击"下一步"按钮，进入起落架设置界面。对于多旋翼无人机，起落架没有任何操控，单击"下一步"按钮，进入襟翼控制界面。襟翼控制是一些特殊的固定翼飞机才会有的，对于多旋翼无人机没有特殊作用，所以单击"Skip"按钮，完成所有需要的遥控器设置操作。

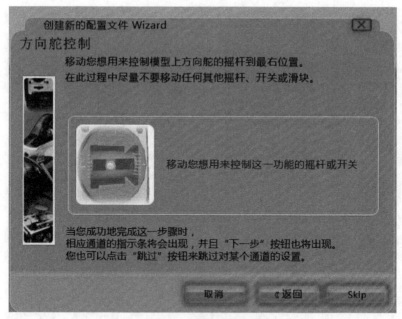

图 5-30　方向舵控制界面

图 5-31　升降舵通道控制界面

　　系统设置完成后，要进行模型的选择。按照分类查找自己所需要的模型，如图 5-33 所示。

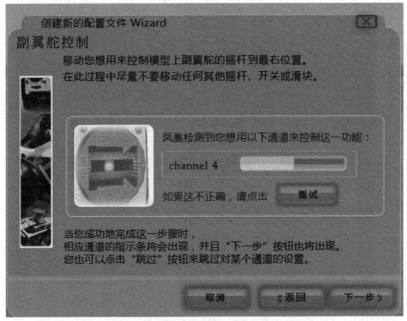

图 5-32　副翼舵控制界面

图 5-33　模型的选择

　　模型选择以后，加载到设置的场景中，就可以使用遥控器控制飞行。操控方式与真实无人机操控方式一样。

　　凤凰 4.0 版本和 5.0 版本操控基本一样，5.0 版本比 4.0 版本的模型更多，只要按照操控提示进行设置即可。

第六章

多旋翼无人机应用

第一节　多旋翼无人机典型应用场景

多旋翼无人机除在军事国防领域应用之外，在民用领域也有广泛的应用前景，如应用在航拍、农业、电力、林业、海洋、环保、防灾减灾、国土资源、警用、运输等领域。

一、无人机在航拍领域的应用

航拍是无人机最重要的应用领域之一，很多航拍爱好者利用携带摄像机装置的无人机，开展大规模航拍，实现空中俯瞰的效果，如图 6-1 所示。

图 6-1　无人机航拍

航拍既有爱好者进行的对某一区域或对象进行拍摄，更有通过专业级的航拍来为某一领域提供资料，比如全景地图。

二、无人机在农业领域的应用

无人机在农业领域的应用主要有农作物植保和农作物数据监测等，它是利用无人机作为飞行平台，搭载药箱、喷洒设备或者监测设备，对农田进行喷药或者数据采集，如图 6-2 所示。

图 6-2　无人机植保

国内各地均鼓励和发展农业植保无人机，发展无人机防治病虫害。无人机在农业领域的应用将是未来无人机重要的发展方向之一。

三、无人机在电力领域的应用

无人机在电力领域的应用主要是电力巡检，利用装配有高清数码摄像机或照相机以及 GPS 定位系统的无人机，沿电网进行定位自主巡航，实时传送拍摄影像，监控人员可在计算机上同步收看与操控，如图 6-3 所示。

图 6-3　无人机电力巡检

电力巡检是目前国内无人机主要民用应用领域之一。随着国家输电网的逐渐完善，电力线故障巡检也是一项日趋繁重的任务，减小人工劳动强度，使用携带探测器或者相关设备无人机取而代之，可以提高效率，更保障了人员的安全。目前，我国已选取山东、河北、山西、湖北、四川、重庆、浙江、福建、辽宁、青海多地为试点。试点单位外的安徽、黑龙江、云南、江苏、河南、甘肃、江西、内蒙古等地及南方电网公司也已初步开展无人机电力巡检的尝试。

四、无人机在林业领域的应用

无人机在林业领域的应用主要体现在森林防火、森林灾害防治、保护区野生动物监测等。如图 6-4 所示为无人机进行森林灾害防治。

图 6-4　无人机森林灾害防治

五、无人机在海洋领域的应用

无人机在海洋领域的应用主要体现在海上养殖监测、海岛监测、海洋环境监测等，如图 6-5 所示。

图 6-5　无人机海洋监测

六、无人机在环保领域的应用

无人机在环保领域的应用，大致可分为以下三种类型。

（1）环境监测　观测空气、土壤、植被和水质状况，也可以实时快速跟踪和监测突发环境污染事件的发展。

（2）环境执法　环监部门利用搭载了采集与分析设备的无人机在特定区域

巡航，监测企业的废气与废水排放，寻找污染源。

（3）环境治理　利用携带了催化剂和气象探测设备的无人机在空中进行喷洒，与无人机播洒农药的工作原理一样，在一定区域内消除雾霾。

如图 6-6 所示为无人机在进行环境监测。

图 6-6　无人机在进行环境监测

环保所涵盖的方面太多，但无人机因为具有不受空间与地形限制、效性强、机动性好、巡查范围广等优点，执法部门能够轻易地利用它来找到污染源头和测试污染程度。

七、无人机在防灾减灾领域的应用

无人机在防灾减灾领域的应用主要体现在灾情监测、应急指挥、人员救援、灾情调查等，它是利用搭载了高清拍摄装置的无人机对受灾地区进行航拍，提供一手的最新影像，或对人员进行施救，如图 6-7 所示。

图 6-7　无人机救灾

八、无人机在国土资源领域的应用

无人机在国土资源领域的应用主要体现在国土资源监测、矿产资源勘测、水土流失调查等，如图 6-8 所示。

图 6-8　无人机国土资源监测

九、无人机在警用领域的应用

无人机在警用领域的应用主要体现在交通巡查、反恐监控、急突发事件调查、防暴搜捕、聚众驱散、大型集会监控、救援搜索、交通监视等。如图 6-9 所示为警用无人机在进行交通巡查。

图 6-9　警用无人机在进行交通巡查

警用无人机的优势表现在反应快速，能迅速到达现场，在制高点观测整个事态的发展；以最佳角度及时记录下事态发展过程，为事后处理提供最有力的证据；在一些恶性暴力冲突中，直接用无人机进入混乱区域进行警示，尽量避免人员伤亡；在与歹徒的暴力对抗或者武力挟持过程中，可以零风险地了解歹徒的具体实际情况；在一些包围抓捕过程中，无人机可以高空监控包围圈内的情况，为指挥人员提供实时有效的信息。

十、无人机在运输领域的应用

无人机在运输领域的应用主要体现在快递、补给等，如图 6-10 所示。

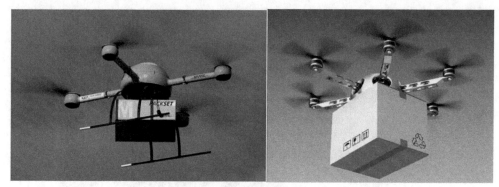

图 6-10　无人机运输

十一、无人机在智能光伏电站中的应用

智能光伏电站是全数字化电站，可真正实现可信、可视、可管、可控。无人机的应用是智能光伏电站的一个特色。对于百兆瓦级的光伏电站，长期运行中可能出现热斑、隐裂等现象，而多达 40 万块的组件靠人工很难排查。智能光伏电站可借助搭载 GPS、红外成像和无线传输设备的无人机，根据设置好的路径准确飞行，对组件进行热成像扫描，从而精确定位有热斑、隐裂等故障的组件，结合图像分析和专家诊断，全面、精准、及时判别设备故障，实现快速更换，保障电站时刻工作在最佳状态，如图 6-11 所示。

图 6-11　无人机巡视智能光伏电站

十二、无人机在桥梁检测中的应用

对于巨大桥梁，人工攀爬检测是非常困难的。长期以来，桥梁检测多利用人工望远镜等仪器，由悬挂在桥梁下方的维修人员操作，不仅耗时费力，还易

忽略一些人工观测死角，为桥梁质量埋下隐患。利用无人机可大幅减轻桥梁维护人员的工作强度，便于及时发现险情，提高桥梁检测维护效率。如图 6-12 所示，无人机在专业人员的操控下，匀速上升，利用顶部的一部 2000 万像素的高清相机，对桥墩进行细致拍摄。在桥墩各种复杂梁体间，无人机腾挪自如。无人机拍摄完成安全着陆后，工作人员取下相机，将里面的图像下载，转存到计算机中。专业工作人员利用相关分析系统，根据画面图像，对大桥桥墩进行系统会诊，发现可能存在的毛病。拍摄可以发现头发丝般粗细的裂缝。通过对拍摄画面的技术分析，可以有效发现桥墩的各种危害，为排险打下基础。

图 6-12　无人机检测桥梁

十三、无人机在钓鱼中的应用

钓鱼作为一项户外休闲运动，已经有了数千年的历史，此运动不仅养身保健，还能控制和消除精神方面的各种不良情绪，因此越来越多的户外运动爱好者均参与到此项运动当中。虽说如此，但对于绝大多数钓鱼爱好者来说，他们往往会面临一些困难，其中最典型的当属以下两个问题。一是甩竿距离过近。众所周知，甩竿是钓鱼运动中技术含量比较高的一项环节，钓鱼成功与否与甩竿有着很大的联系。对于部分钓鱼爱好者来说，很容易造成鱼钩下沉时与地面障碍物接触，造成不必要的损失，即便是成功甩出，也会由于技术动作不到，身体协调性不强，甩出去的距离过近。二是捕捞效率太低。由于部分钓鱼爱好者资历尚浅，很难通过肉眼来识别鱼儿的活动区域，即便是识别出来，也会在完成甩竿过程时由于技术动作、环境因素等作用影响鱼饵投放的精准度。无人机辅助钓鱼装置如图 6-13 所示，钓鱼爱好者可以借助此装置来克服甩竿距离过近、

图 6-13　无人机辅助钓鱼装置

捕捞效率过低等问题。

随着无人机技术的发展，无人机的应用领域将越来越广泛。

第二节　航拍无人机

航拍又称空中摄影或航空摄影，可以不受地面障碍物的遮挡，清晰地俯瞰并记录拍摄对象及其所在地理环境的外部信息。近年来，随着无人机技术和航拍技术的发展，通过无人机进行航拍带给了人们一个全新的观察视角，航拍已经成为无人机应用的市场主流。

一、航拍无人机的优势

航拍无人机具有以下优势。

① 云下摄影。无人机受天气和地形影响较小，即使在阴天和轻雾天气情况下也可以拍摄。

② 飞行高度较低，能够获取大比例尺、高分辨率的图像数据，较好地显示所拍摄物体的轮廓和结构。

③ 无人机采取高效快速的操控系统，机动灵活，运行方便，拍摄或测量运行周期短。

④ 设备组装及携带简便，人工成本较低；飞行安全系数相对较高，更灵活机动。

二、典型的航拍无人机

Phantom 4 是新一代一体化智能航拍无人机，它是由飞行器、遥控器、云台相机以及配套使用的 DJI GO App 组成，如图 6-14 所示。飞控系统集成于无人机机身内，一体式云台位于机身下部，用户可通过安装于移动设备上

图 6-14　Phantom 4 无人机

的 DJI GO App 控制云台以及相机。高清图传整合于机身内部，用于高清图像传输。

1. Phantom 4 无人机的主要特点

① 除了可在超低空或室内实现稳定飞行和悬停以外，新增了前视障碍物感知功能。无人机在有效范围内可实现主动避障，进一步提升安全性。

② 配备 20mm 低畸变广角相机和高精度防抖云台以及 1200 万像素图像传感器，可拍摄 1200 万像素 JPEG 以及无损 RAW 格式的照片。在视频拍摄方面，最高规格可以拍摄 4K 每秒 30 帧超高清视频。

③ 采用领先的飞控系统，具备双冗余 IMU 和指南针系统以提升安全性。配合全新的智能电动机驱动器，提供了敏捷、稳定、安全的飞行性能。返航功能可使无人机在失去遥控信号或电量不足时自动飞回返航点并自动降落。遥控器内置全新一代 Lightbridge 高清图传地面端，与无人机机身内置的 Lightbridge 机载端配合，可通过 DJI GO App 在移动设备上实时显示高清画面，稳定传输 720p 图像以及上下行数据。

④ 配备高能量密度智能飞行电池和高效率的动力系统，最长水平飞行速度达到 20m/s，最长飞行时间约为 28min。

2. Phantom 4 无人机主要部件名称

Phantom 4 无人机主要部件名称如图 6-15 所示。

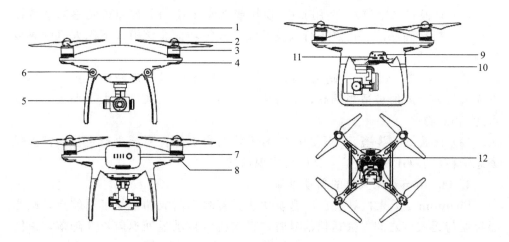

图 6-15 Phantom 4 无人机主要部件名称

1—GPS；2—螺旋桨；3—电动机；4—机头 LED 指示灯；5——体式云台相机；6—前障碍物感知系统；7—智能飞行电池；8—无人机状态指示灯；9—相机、对频状态指示灯/对频按键；10—调参接口；11—相机 Micro-SD 卡槽；12—视觉定位系统

遥控器主要部件名称如图 6-16 所示。

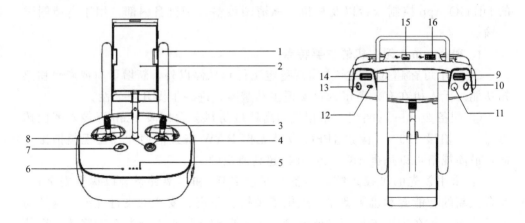

图 6-16　遥控器主要部件名称

1—天线；2—移动设备支架；3—摇杆；4—智能返航按键；5—电池电量指示灯；6—遥控器
状态指示灯；7—电源开关；8—返航提示灯；9—相机设置转盘；10—智能飞行
暂停按键；11—拍照按键；12—飞行模式切换开关；13—录影按键；
14—云台俯仰控制拨轮；15—Micro-USB 接口；16—USB 接口

3. Phantom 4 无人机的飞行模式

Phantom 4 采用 DJI 全新一代飞控，该飞控支持如下飞行模式。

（1）P 模式（定位）　使用 GPS 模块或视觉定位和前视障碍物感知系统以实现无人机精确悬停、指点飞行以及高级模式等功能。该模式下无人机的感度值被适当调低。

（2）S 模式（运动）　使用 GPS 模块或视觉定位以实现精确悬停，该模式下无人机的感度值被适当调高，务必格外谨慎飞行。无人机最大水平飞行速度可达 20m/s。

（3）A 模式（姿态）　不使用 GPS 模块与视觉定位系统进行定位，仅提供姿态增稳，若 GPS 卫星信号良好可实现返航。

4. Phantom 4 无人机的自动返航

Phantom 4 无人机具备自动返航功能。若起飞前成功记录了返航点，则当遥控器与无人机之间失去通信信号时，无人机将自动返回返航点并降落，以防止发生意外。Phantom 4 为用户提供了三种不同的返航方式，分别为失控返航、智能返航以及智能低电量返航。

（1）失控返航　当 GPS 信号良好、指南针工作正常且无人机成功自动或手动记录返航点后，若无线信号（遥控器信号或图像信号）中断超过 3s，飞控系统将接管无人机控制权，控制无人机飞回最近记录的返航点。如果在返航过程中，无线信号恢复正常，返航过程仍将继续，但用户可以通过遥控器控制飞行航向，且可短按遥控器智能返航按键以取消返航。

（2）智能返航　智能返航模式可通过遥控器智能返航按键或 DJI GO App 中的相机界面启动，其返航过程与失控返航一致，区别在于用户可通过摇杆控制无人机航向躲避障碍物。启动后无人机状态指示灯仍按照当前飞行模式闪烁。智能返航过程中，无人机根据前视障碍物感知系统提供的数据判断前方是否有障碍物，智能地选择悬停或绕过障碍物。如果前视障碍物感知系统失效，用户仍能控制无人机航向，通过遥控器上的智能返航按键或 DJI GO App 退出智能返航后，用户可重新获得控制权。

（3）智能低电量返航　智能飞行电池电量过低时，没有足够的电量返航，此时用户应尽快降落无人机，否则无人机将会直接坠落，导致无人机损坏或者引发其他危险。为防止因电池电量不足而出现不必要的危险，Phantom 4 飞控将会根据飞行的位置信息，智能地判断当前电量是否充足。若当前电量仅足够完成返航过程，DJI GO App 将提示用户是否需要执行返航。若用户在 10s 内不做选择，则 10s 后无人机将自动进入返航。返航过程中可短按遥控器智能返航按键取消返航过程。智能低电量返航在同一次飞行过程中仅出现 1 次。若当前电量仅足够实现降落，无人机将强制下降，不可取消。返航和下降过程中均可通过遥控器（若遥控器信号正常）控制无人机。

5. Phantom 4 无人机规格参数

Phantom 4 无人机规格参数见表 6-1。

表 6-1　Phantom 4 无人机规格参数

飞行器	起飞质量	1380g
	最大上升速度(运动模式)/(m/s)	6
	最大下降速度(运动模式)/(m/s)	4
	最大水平飞行速度(运动模式)/(m/s)	20
	最大飞行海拔高度/m	6000
	飞行时间/min	约 28
	工作环境温度/℃	0～40
	卫星定位模块	GPS/GLONASS 双模
云台	可控转动范围(俯仰)/(°)	－90～30
前视障碍物感知系统	障碍物感知范围/m	0.7～15
	使用环境	表面有丰富纹理，光照条件充足
视觉下视定位系统	速度测量范围/(m/s)	飞行速度≤10(高度 2m，光照充足)
	高度测量范围/m	0～10
	精确悬停范围/m	0～10
	使用环境	表面有丰富纹理，光照条件充足

续表

相机	影像传感器	1/2.3in CMOS;有效像素 1200 万
	镜头	FOV94° 20mm f/2.8 焦点无穷远
	ISO 范围	100~3200(视频);100~1600(照片)
	电子快门速度/s	(1~8)/8000
	照片最大分辨率/像素	4000×3000
	照片拍摄模式	单张拍摄
		多张连拍:3 张/5 张/7 张
		自动包围曝光:3/5 张@0.7EV 步长
		定时拍摄
		HDR
	录像分辨率	UHD:4096×2160(4K)　24p/25p 　　　　3840×2160(4K)　24p/25p/30p 　　　　2704×1520(2.7K)　24p/25p/30p
		FHD:1920×1080　24p/25p/30p/48p/50p/60p/120p
		HD:1280×720　24p/25p/30p/48p/50p/60p
	视频存储最大码流/Mbps	60
	支持文件系统	FAT32(≤32GB);exFAT(>32GB)
	图片格式	JPEG,DNG(RAW)
	视频格式	MP4/MOV(MPEG-4AVC/H.264)
	支持存储卡类型	Micro-SD 卡;最大支持 64GB 容量,传输速度为 Class10 及以上或达到 UHS-1 评级的 Micro-SD 卡
	工作环境温度/℃	0~40
遥控器	工作频率/GHz	2.400~2.483
	信号有效距离/m	FCC:5000。CE:3500(无干扰、无遮挡)
	工作环境温度/℃	0~40
	电池	6000mA·h 锂充电电池 2S
	发射功率/dBm	FCC:23。CE:17
	工作电流/电压	1.2A/7.4V
充电器	电压/V	17.4
	额定功率/W	100

续表

智能飞行电池	容量/mA·h	5350
	电压/V	15.2
	电池类型	LiPo 4S
	能量/W·h	81.3
	电池整体质量/g	约 462
	工作环境温度/℃	−10～40
	最大充电功率/W	100

第三节　植保无人机

农用植保无人机是用于农林植物保护作业的无人驾驶飞机，通过地面遥控或 GPS 飞控来实现喷洒作业，可以喷洒药剂、种子、粉剂等。由于农用植保无人机体积小、重量轻、运输方便、可垂直起降、飞行操控灵活，对于不同地域、不同地块、不同作物等具有良好的适应性。因此不管在我国北方还是南方，丘陵还是平原，大地块还是小地块，农用植保无人机都拥有广阔的应用前景。

一、无人机在农业植保应用中的优势

无人机用于农业植保具有以下优势。

1. 高效安全

农业植保无人机喷洒效率为 $0.067\text{hm}^2/\text{min}$，喷洒装置宽度为 $2～4\text{m}$，作业宽度为 $4～8\text{m}$，并且能够与农作物的距离最低保持在 $1～2\text{m}$ 的固定高度，规模作业达到 $3.33\text{hm}^2/\text{h}$ 以上，其效率要比常规喷洒至少高出 30 倍。且无人机远距离遥控操作，喷洒作业人员可更好地避免农药中毒的危险，喷洒作业的安全性得到了有效提高。

2. 防治效果好

喷雾药液在单位面积上覆盖密度越高、越均匀，防治效果就越好。无人机是螺旋机翼，作业高度比较低，当药液雾滴从喷洒器喷出时被旋翼的向下气流加速形成气雾流，直接增加了药液雾滴对农作物的穿透性，减少了农药飘失，并且药液沉积量和药液覆盖率都优于常规喷施，因而防治效果比传统喷施更好，同时也降低了农药对土壤造成的污染。

3. 节约

无人机喷洒技术采用喷雾喷洒方式至少可以节约 50％ 的农药使用量，节约 90％ 的用水量，这将在很大程度上降低资源成本。而且无人机折旧率低，单位作业人工成本低，易于维修。

4. 操控简便

植保无人机整体尺寸小，重量轻，起飞停靠不受地域限制，操控人员一般经过短期的训练即可掌握要领并执行任务。高端的无人机甚至可以实现 GPS 飞控操控，按照设定的程序执行任务，从而避免漏喷或重喷。

二、植保无人机的运行要求

植保无人机具有以下运行要求。

1. 飞行要求

植保无人机飞行是指无人机进行下述飞行。

① 喷洒农药。

② 喷洒用于作物养料、土壤处理、作物生命繁殖或虫害控制的任何其他物质。

③ 从事直接影响农业、园艺或森林保护的喷洒任务，但不包括撒播活的昆虫。

2. 人员要求

① 运营人指定一个或多个作业负责人，该作业负责人应当持有民用无人机驾驶员合格证并具有相应等级，同时接受了下列知识和技术的培训或者具备相应的经验。

人员要求具备以下理论知识。

a. 开始飞行前应当完成的工作步骤，包括作业区的勘察。

b. 安全处理有毒药品的知识及要领和正确处理使用过的有毒药品容器的办法。

c. 农药与化学药品对植物、动物和人员的影响及作用，重点在计划运行中常用的药物以及使用有毒药品时应当采取的预防措施。

d. 人体在中毒后的主要症状、应当采取的紧急措施和医疗机构的位置。

e. 所用无人机的飞行性能和操控限制。

f. 安全飞行和作业程序。

人员要求具备飞行技能，以无人机的最大起飞全重完成起飞、作业线飞行等操控动作。

② 作业负责人对实施农林喷洒飞行的每个人员实施规定的理论培训、技能培训以及考核，并明确其在飞行中的任务和职责。

③ 作业负责人对农林喷洒飞行负责，其他作业人员应该在作业负责人的带领下实施作业任务。

④ 对于独立喷洒作业人员，或者从事作业高度在 15m 以上的作业人员应持有民用无人机驾驶员合格证。

3. 喷洒限制

实施喷洒作业时，应当采取适当措施，避免喷洒的物体对地面的人员和财产造成危害。

4. 喷洒记录保存

实施农林喷洒作业的运营人应当在其主运行基地保存关于下列内容的记录。

① 服务对象的名称和地址。

② 服务日期。

③ 每次飞行所喷洒物质的量和名称。

④ 每次执行农林喷洒飞行任务的驾驶员的姓名、联系方式和合格证编号，以及通过知识和技术检查的日期。

三、植保无人机在我国的发展趋势

众多无人机企业纷纷瞄准了农业植保领域，整个植保无人机行业出现蓬勃发展的态势。

（1）无人机植保作业要紧贴农艺要求　目前，大部分无人机企业将主要精力投入在飞控软件、机身结构、功能扩展、APP 开发和云平台建设等方面，而缺乏对农业植保作业相关的农艺要求的深入研究。特别对于单轴和多轴微小型植保无人机等机型在植保作业时的相关技术参数缺乏系统深入的研究，尚未形成一套科学完善的判别标准。

（2）操控要简易　遥控式植保无人机操控复杂，尤其是单旋翼植保无人机，对操控人员的操控能力要求更高，且无法超视距飞行。随着植保无人机技术的不断发展，无人机操控系统设计会更加智能，实现定速仿地形飞行、自动返航、电子围栏等功能，既可以实现精准高效作业，又降低了操控人员的劳动强度。

（3）载荷更优化　目前植保无人机载荷一般为 5～20kg，载荷过小，需要频繁更换电池及药液，作业效率大打折扣。载荷过大必然导致无人机体积和重量的增加，不便于小地块转场运输，加之国产大载荷无人机发动机和电动机技术还不够成熟，载荷过大，可靠性也无法保障。

（4）价格要合理　首先，目前国内植保无人机价格参差不齐，普遍偏高，一般轻小型植保无人机的价格在 5 万～20 万元。其次，全国只有少数部分地区列出专项资金对植保无人机给予购机补贴。两方面原因制约了植保无人机推广。随着技术不断发展和市场需求量的增加，植保无人机价格应该趋于稳定合理。

（5）推广模式要创新　植保服务队的新模式，由传统的农民购买农机向购买植保服务转变，取得很好效果。

（6）要尽快制定相关标准　我国越来越多的省份开始引入植保无人机，但由于目前业内并无明确的行业标准，包括无人机自身技术、性能标准和植保标准，农机产品鉴定机构没有检验依据就无法实施推广鉴定，导致农机管理部门也无法将其纳入农机补贴目录。国家民航局飞标司在 2015 年正式发布《轻小无人机运行规定（试行）》，将植保无人机单独分类，相信随着相关生产、检验标准的不断完善，植保无人机的技术日趋完善。我国现代农业机械化进程的迫切需求，植保无人机纳入农机补贴范围会在不久的将来实现。

四、典型的农业植保无人机

MG-1 农业植保无人机（图 6-17）专为农业领域设计，机身防尘防水、防腐蚀。整机包含完整的喷洒系统，内置定制飞控系统，具有智能、手动、增强型手动三种作业模式，可在各种形状的作业区域灵活方便地完成作业任务。配备雷达辅助定高模块，作业时可实现无人机与作物的相对高度始终不变。

遥控器配备喷洒系统控制功能键，配合作业状态显示板，可了解系统状态，方便远程操控进行喷洒作业。

图 6-17　MG-1 农业植保无人机

1. MG-1 农业植保无人机的主要特点

① 内置定制飞控系统，提供三种作业模式，即智能作业模式、手动作业模式和增强型手动作业模式。

智能作业模式下，无人机可沿特定路线喷洒农药，用户可设置作业间隔、无人机飞行速度等。该模式下用户可操控无人机进入连续智能作业状态，每小时作业量可达 40～60 亩（1 亩 ≈ 666.67m²）。

手动作业模式下，用户可手动开始与停止喷洒农药、随时调节喷洒速率等。

增强型手动作业模式下，飞控系统限制无人机最大飞行速度，同时锁定无人机航向。用户可通过摇杆控制无人机前后左右飞行，也可通过遥控器 C1 和 C2 按键使无人机向左或向右平移。

② 具备两项智能记忆功能，即作业恢复功能和数据保护功能。智能作业模式下，若中途退出，无人机可记录中断坐标点，并在再次进入智能作业模式时自动返回该点。数据保护功能可在无人机电源断开后的一段时间里仍然保留系统记录数据，方便用户在更换电池后继续未完成的作业任务。

③ 配备完整的喷洒系统，包含作业箱、喷头等。两侧共有四个喷头，喷洒均匀，覆盖范围大。支持多种不同型号喷头，满足用户的不同需求。

④ 配备先进的雷达辅助定高模块，具有地形跟随功能，在智能作业和增强型手动作业模式下自动启用。

2. MG-1 农业植保无人机主要部件名称

MG-1 植保无人机主要部件名称如图 6-18 所示。

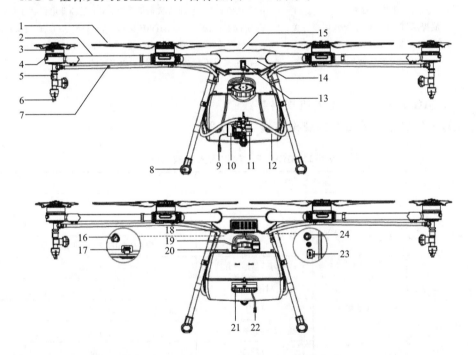

图 6-18 MG-1 植保无人机主要部件名称

1—螺旋桨；2—机臂；3—电动机；4—方向指示灯；5—喷头；6—喷嘴；7—软管；8—起落架；9—液泵电动机线；10—液泵电动机；11—液泵；12—作业箱；13—无人机状态指示灯（机尾方向）；14—无人机主体；15—GPS 模块；16—液泵电动机接口；17—飞控调参接口；18—空气过滤罩；19—电源接口；20—电池安装位；21—雷达辅助定高模块；22—雷达连接线；23—Lightbridge2/IOSD 调参接口；24—雷达连线接口

遥控器主要部件名称如图 6-19 所示。

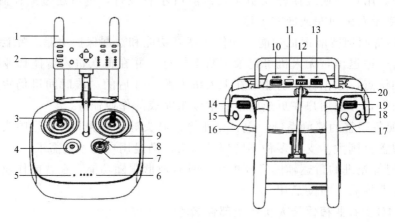

图 6-19　遥控器主要部件名称

1—天线；2—作业状态显示板；3—摇杆；4—电源按键；5—遥控器状态指示灯；6—遥控器电量指示灯；
7—返航提示灯；8—作业模式切换开关；9—返航按键；10—Mini HDMI 接口；11—Micro-USB 接口；
12—CAN 接口；13—USB 接口；14—喷洒速率拨轮；15—喷洒按键；16—飞行模式切换开关；
17—A 键；18—B 键；19—飞行速度设置转盘；20—显示板连接线

3. MG-1 农业植保无人机规格参数

MG-1 农业植保无人机规格参数见表 6-2。

表 6-2　MG-1 农业植保无人机规格参数

机架	对称电机轴距/mm		1520
	单臂长度/mm		625
	外形尺寸（长×宽×高）/mm		1471×1471×482（机臂展开，不含螺旋桨）
			780×780×482（机臂折叠）
动力系统	电动机	定子尺寸/mm	60×10
		KV 值	130
		拉力	5.1kg/电动机
		最大功率/W	770
		质量/g	280
	电调	最大工作电流/A	25
		工作电压/V	50.4（12S LiPo）
		兼容信号频率/Hz	30～450
		驱动 PWM 频率/kHz	12
	可折叠螺旋桨	材质	高强度工程塑料
		直径×螺距/in	21×7
		质量/g	58

续表

喷洒系统	作业箱	容积/L	10
		标准作业载荷/kg	10
		电池安装位置尺寸 (长×宽×高)/mm	151×195×70
	喷头	型号	XR11001
		数量/个	4
		最大喷洒速率/(L/min)	0.43(单个喷头,以水为例)
		喷幅/m	4~6(4个喷头,距作物高度约1.5~3m)
		雾化粒径/μm	130~250
	雷达辅助 定高模块	高度测量范围/m	1.5~7
		定高范围/m	2~3.5
		测量精度/cm	<10
飞行参数		整机质量(不含电池)/kg	8.8
		标准起飞质量/kg	22.5
		最大有效起飞质量/kg	24.5(海平面附近)
		最大推重比	1.81(起飞质量22.5kg时)
		动力电池	指定型号电池(MG-12000)
		最大功耗/W	6400
		悬停功耗/W	3250(起飞质量22.5kg时)
		悬停时间/min	24(12000mA·h,起飞质量12.5kg时) 10(12000mA·h,起飞质量22.5kg时)
		最大作业飞行速度/(m/s)	8
		最大飞行速度/(m/s)	22
		最大飞行海拔高度/m	2000
		推荐工作环境温度/℃	0~40
遥控器		型号	GL658C
		工作频率/GHz	2.400~2.483
		信号有效距离/m	1000(无干扰、无遮挡)
		电池	6000mA·h锂充电电池2S
		工作功耗/W	9
		工作环境温度/℃	−10~40
		存放环境温度/℃	存放时间小于3个月:−20~45 存放时间大于3个月:22~28
		充电环境温度/℃	0~40
充电器		型号	A14-057N1A
		电压/V	17.4
		额定功率/W	57

注:1in≈2.54cm。

第七章

无人机相关法律法规

第一节 无人机相关法律法规概况

目前，我国尚未形成完善的无人机法律法规及管理文件体系，只是在使用环节中，民用航空局颁布了《民用无人机空中交通管理办法》《轻小型无人机运行规定》《民用无人机驾驶员管理规定》等顶层法规和文件，《低空空域使用管理规定（试行）》《民用无人驾驶航空器系统适航管理要求（暂行）》和《民用无人驾驶航空器特殊适航证颁发和管理程序》等正处于征求意见中。

国家标准中无人机标准尚处空白，行业标准中只有 CH/Z 3001—2010《无人机航摄安全作业基本要求》、CH/Z 3002—2010《无人机航摄系统技术要求》两项测绘标准。民用无人机尚未形成健全的标准体系，这使得管理工作缺少标准规范的有力支撑，同时容易导致整个产业的无序发展。

中国无人机产业联盟发布了《民用无人机系统通用技术标准》《固定翼无人机系统通用技术标准》《多轴无人机系统通用技术标准》《单旋翼直升无人机系统通用技术标准》。这些无人机标准的发布，对促进和规范无人机产业健康有序发展将起到积极作用。

《无人机任务系统接口规范》《无人机任务系统态势感知通用技术要求》《无人机机载任务系统情报侦察监视装（设）备通用技术要求》《无人机机载图像侦察吊舱规范》《无人机载数据链路技术标准》等行业规范与标准正在制订中。

第二节 民用无人机空中交通管理办法

为了加强对民用无人机飞行活动的管理，规范其空中交通管理的办法，保证民用航空活动的安全，2009 年，中国民用航空局空中交通管理司下发了《民用无人机空中交通管理办法》，主要具有以下内容。

① 民用无人机应当依法从事工业、农业、林业、渔业、矿业、建筑业的飞行和医疗卫生、抢险救灾、气象探测、海洋检测、科学实验、遥感测绘、教育训练、文化体育、旅游观光等方面的飞行活动。

② 民用无人机活动及其空中交通管理应当遵守相关法规和规定，其中包括《中华人民共和国民用航空法》《中华人民共和国飞行基本规则》《通用航空飞行管制条例》及民航局规章等。

③ 组织实施民用无人机活动的单位和个人应当按照《通用航空飞行管制条例》等规定申请划设及使用空域，接受飞行活动管理和空中交通服务，保证飞行安全。

④ 为了避免对运输航空飞行安全的影响，未经地区管理局批准，禁止在民用运输机场飞行空域内从事无人机飞行活动。申请划设民航无人机临时飞行空域时，应当避免与其他载人用航空器在同一空域内飞行。

⑤ 由于无人机飞行过程中无执行任务机长，为了保证飞行安全，由无人机操控人员承担规定的机长权利和责任，并应当在飞行计划申请时明确无人机操控人员。

⑥ 组织实施民用无人机活动的单位或者个人应当具备监控或者掌握其无人机飞行动态的手段，同时在飞行活动过程中与相关管制单位建立可靠的通信联系，及时通报情况，接受空中交通管制。发生无人机飞行活动不正常情况，并且可能影响飞行安全和公共安全时，组织实施民用无人机活动的单位或者个人应当立刻向相关管制单位报告。

⑦ 在临时飞行空域内进行民用无人机飞行活动时，由从事民用无人机飞行活动的单位、个人负责组织实施，并对其安全负责。

⑧ 民航空管单位应当按照有关法规和本规定的要求对民用无人机飞行活动进行空中交通管理，不得在一个划定为无人机活动的空域内同时为民用无人机和载人航空器提供空中交通服务。

⑨ 民用航空器机组人员发现无人机飞行活动时应当及时向相关空中交通管制部门报告。空中交通管制单位发现区域内有无人机活动或者收到相关报告时，应当向所管制的航空器通报无人机活动情报，必要时提出避让建议，并按要求向相关管制单位、空管运行管理单位和所在地的民航监管局通报。

⑩ 民用无人机活动中使用无线电频率、无线电设备应当遵守国家无线电管理法规和规定，且不得对航空无线电频率造成有害干扰。民用无人机遥控系统不得使用航空无线电频率。在民用无人机上设置无线电设备，使用航空无线电频率的，应当向民用航空局无线电管理委员会办公室提出申请。

⑪ 未经批准，不得在民用无人机上发射语音广播通信信号。

⑫ 使用民用无人机应当遵守国家有关部门发布的无线电管制命令。

第三节　轻小型无人机运行规定

2015 年，中国民用航空局飞行标准司颁布了《轻小型无人机运行规定》（试行）。该规定包含目的，适用范围及分类，定义，民用无人机长的职责和权限，民用无人机驾驶员资格要求，民用无人机使用说明书，禁止粗心或鲁莽地操控，摄入酒精和药物的限制，飞行前准备，限制区域，视距内运行，视距外运行，民用无人机运行的仪表、设备和标识要求，管理方式，无人机云提供商须具备的条件，植保无人机运行要求，无人飞艇运行要求，废止和生效等。

一、目的

近年来，民用无人机的生产和应用在国内外蓬勃发展，特别是低空、慢速微轻小型无人机数量快速增加，占到民用无人机的绝大多数。为了规范此类民用无人机的运行，依据 CCAR-91 部，发布本规定。

二、适用范围及分类

本规定适用以下范围。

① 可在视距内或视距外操控的、空机质量小于 116kg、起飞全重不大于 150kg 的无人机，校正空速不超过 100km/h。

② 起飞全重不超过 5700kg，距受药面高度不超过 15m 的植保类无人机。

③ 充气体积在 4600m³ 以下的无人飞艇。

④ 适用无人机运行管理分类。

⑤ Ⅰ类无人机使用者应安全使用无人机，避免对他人造成伤害，不必按照本规定后续规定管理。

⑥ 本规定不适用于无线电操控的航空模型，但当航空模型使用了自动驾驶仪、指令与控制数据链路或自主飞行设备时，应按照本规定管理。

⑦ 本规定不适用于室内、拦网内等隔离空间运行的无人机，但当该场所有聚集人群时，操控者应采取措施确保人员安全。

三、飞行前准备

在开始飞行之前，机长应当做好以下准备。

① 了解任务执行区域限制的气象条件。

② 确定运行场地满足无人机使用说明书所规定的条件。

③ 检查无人机各组件情况、燃油或电池储备、通信链路信号等满足运行要求。对于无人机云系统的用户，应确认系统是否接入无人机云。

④ 制定出现紧急情况的处置预案，预案中应包括紧急备降地点等内容。

四、限制区域

机长应确保无人机飞行时符合有关部门的要求，避免进入限制区域。

① 对于无人机云系统的用户，应该遵守该系统限制。

② 对于未接入无人机云系统的用户，应向相关部门了解限制区域的划设情况。不得突破机场障碍物控制面、飞行禁区、未经批准的限制区以及危险区等。

五、视距内运行

无人机在视距内运行必须满足以下条件。

① 必须在驾驶员或者观测员视距范围内运行。

② 必须在昼间运行。

③ 必须将航路优先权让与其他航空器。

六、视距外运行

无人机在视距外运行必须满足以下条件。

① 必须将航路优先权让与有人驾驶的航空器。

② 当飞行操控危害到空域的其他使用者、地面上人身财产安全或不能按照本规定要求继续飞行时，应当立即停止飞行活动。

③ 驾驶员应当能够随时控制无人机。对于使用自主模式的无人机，无人机驾驶员必须能够随时操控。

④ 出现无人机失控的情况，机长应该执行相应的预案，包括无人机应急回收程序；对于接入无人机云的用户，应在系统内上报相关情况；对于未接入无人机云的用户，按照联系相关空管服务部门的程序，上报遵照以上程序的相关责任人名单。

七、管理方式

民用无人机分类繁杂，运行种类繁多，所使用的空域远比有人驾驶航空器广阔，因此有必要实施分类管理，依据现有无人机技术成熟情况，针对轻小型民用无人机进行以下运行管理。

1. 民用无人机的运行管理

（1）电子围栏

① 对于Ⅲ、Ⅳ、Ⅵ和Ⅶ类无人机，应安装并使用电子围栏。

② 对于在重点地区和机场净空区以下运行的Ⅱ类和Ⅴ类无人机，应安装并使用电子围栏。

（2）接入无人机云的民用无人机

① 对于重点地区和机场净空区以下使用的Ⅱ类和Ⅴ类的民用无人机，应接入无人机云，或者仅将其地面操控设备位置信息接入无人机云，报告频率最少每分钟 1 次。

② 对于Ⅲ、Ⅳ、Ⅵ和Ⅶ类的民用无人机应接入无人机云，在人口稠密区报告频率最少每秒 1 次，在非人口稠密区报告频率最少每 30s 1 次。

③ 对于Ⅳ类的民用无人机，增加被动反馈系统。

（3）未接入无人机云的民用无人机　运行前需要提前向管制部门提出申请，并提供有效监视手段。

2. 民用无人机运营人的管理

根据《民用航空法》规定，无人机运营人应当对无人机投保地面第三人责任险。

第四节　民用无人机驾驶员管理规定

2016 年，中国民用航空局飞行标准司发布了《民用无人机驾驶员管理规定》。该规定主要包括目的、适用范围、术语定义、管理机构、行业协会对无人机系统驾驶员的管理、局方对无人机系统驾驶员的管理、修订说明等。

一、目的

由于民用无人机在全球范围内发展迅速，国际民航组织已经开始为无人机系统制定标准和建议措施、空中航行服务程序和指导材料。这些标准和建议措施预计将在未来几年成熟，因此多个国家发布了管理规定。本规定针对目前出现的无人机系统的驾驶员实施指导性管理，并将根据行业发展情况随时修订，最终目的是按照国际民航组织的标准建立我国完善的民用无人机驾驶员监管体系。

二、适用范围

本规定用于民用无人机系统驾驶人员的资质管理，其涵盖范围包括但不限于以下内容。

① 无机载驾驶人员的无人机系统。

② 有机载驾驶人员的航空器，但该航空器可同时由外部的无人机驾驶员实施完全飞行控制。

③ 适用无人机分类表 1-1 中的机型。

实际运行中，Ⅰ、Ⅱ、Ⅲ、Ⅳ、Ⅺ类分类有交叉时，按照较高要求的一类分类。对于串、并列运行或者编队运行的无人机，按照总重量分类。地方政府（如当地公安部门）对于Ⅰ、Ⅱ类无人机重量界限低于表 1-1 规定的，以地方政府的具体要求为准。

三、术语定义

本规定使用的术语定义如下。

① 无人机 是由控制站管理（包括远程操控或自主飞行）的航空器，也称远程驾驶航空器。

② 无人机系统 也称远程驾驶航空器系统，是指由无人机、相关的控制站、所需的指令与控制数据链路以及批准的型号设计规定的任何其他部件组成的系统。

③ 无人机系统驾驶员 由运营人指派对无人机的运行负有必不可少的职责并在飞行期间适时操控无人机的人。

④ 无人机系统的机长 是指在系统运行期间内负责整个无人机系统运行和安全的驾驶员。

⑤ 无人机观测员 由运营人指定的训练有素的人员，通过目视观测无人机，协助无人机驾驶员安全实施飞行，通常由运营人管理，无证照要求。

⑥ 运营人 是指从事或拟从事航空器运营的个人、组织或企业。

⑦ 控制站（也称遥控站、地面控制站） 无人机系统的组成部分，包括用于操控无人机的设备。

⑧ 指令与控制数据链路 是指无人机和控制站之间以飞行管理为目的的数据链接。

⑨ 感知与避让 是指看见、察觉或发现交通冲突或其他危险并采取适当行动的能力。

⑩ 无人机感知与避让系统 是指无人机机载安装的一种设备，用以确保无人机与其他航空器保持一定的安全飞行间隔，相当于载人航空器的防撞系统。在融合空域中运行的XI、XII类无人机应安装此种系统。

⑪ 视距内运行 无人机在驾驶员或观测员与无人机保持直接目视视觉接触的范围内运行，且该范围为目视视距内半径不大于500m，人、机相对高度不大于120m。

⑫ 超视距运行 无人机在目视视距以外的运行。

⑬ 扩展视距运行 无人机在目视视距以外运行，但驾驶员或者观测员借助视觉延展装置操控无人机，属于超视距运行的一种。

⑭ 融合空域 是指有其他有人驾驶航空器同时运行的空域。

⑮ 隔离空域 是指专门分配给无人机系统运行的空域，通过限制其他航空器的进入以规避碰撞风险。

⑯ 人口稠密区 是指城镇、乡村、繁忙道路或大型露天集会场所等区域。

⑰ 空机重量 是指不包含载荷和燃料的无人机重量，该重量包含燃料容器

和电池等固体装置。

⑱ 无人机云系统（简称无人机云） 是指轻小民用无人机运行动态数据库系统，用于向无人机用户提供航行服务、气象服务等，对民用无人机运行数据（包括运营信息、位置、高度和速度等）进行实时监测。接入系统的无人机应及时上传飞行数据，无人机云系统对侵入电子围栏的无人机具有报警功能。

四、管理机构

无人机系统分类较多，所适用空域远比有人驾驶航空器广阔，因此有必要对无人机系统驾驶员实施分类管理。

① 下列情况下，无人机系统驾驶员自行负责，无需证照管理。

a. 在室内飞行的无人机。

b. Ⅰ、Ⅱ类无人机。

c. 在人烟稀少、空旷的非人口稠密区进行试验的无人机。

② 下列情况下，无人机驾驶员由行业协会实施管理，局方飞行标准部门可以实施监督。

a. 在隔离空域内运行的除Ⅰ、Ⅱ类以外的无人机。

b. 在融合空域内运行的Ⅲ、Ⅳ、Ⅴ、Ⅵ、Ⅶ类无人机。

③ 在融合空域运行的Ⅺ、Ⅻ类无人机，其驾驶员由局方实施管理。

五、行业协会对无人机系统驾驶员的管理

① 实施无人机系统驾驶员管理的行业协会须具备以下条件。

a. 正式注册 5 年以上的全国性行业协会，并具有行业相关性。

b. 设立了专门的无人机管理机构。

c. 建立了可发展完善的理论知识评估方法，可以测评人员的理论水平。

d. 建立了可发展完善的安全操控技能评估方法，可以评估人员的操控、指挥和管理技能。

e. 建立了驾驶员考试体系和标准化考试流程，可实现驾驶员训练、考试全流程电子化实时监测。

f. 建立了驾驶员管理体系，可以统计和管理驾驶员在持证期间的运行及培训的飞行经历、违章处罚等记录。

g. 已经在民航局备案。

② 行业协会对申请人实施考核后签发训练合格证。

③ 训练合格证应定期更新，更新时应对新的法规要求、新的知识和驾驶技术等内容实施必要的培训，如需要，应进行考核。

④ 行业协会每 6 个月向局方提交报告，内容包括训练情况、技术进步情况、遇到的困难和问题、训练合格证统计信息等。

六、局方对无人机系统驾驶员的管理

1. 执照要求

① 在融合空域 3000m 以下运行的Ⅺ类无人机驾驶员，应至少持有运动或私用驾驶员执照，并带有相似的类别等级。

② 在融合空域 3000m 以上运行的Ⅺ类无人机驾驶员，应至少持有带有飞机或直升飞机等级的商用驾驶员执照。

③ 在融合空域运行的Ⅻ类无人机驾驶员，应至少持有带有飞机或直升飞机等级的商用驾驶员执照和仪表等级。

④ 在融合空域运行的Ⅻ类无人机机长，应至少持有航线运输驾驶员执照。

2. 驾驶员执照上签注信息

驾驶员执照上应签注以下信息。

① 无人机型号。

② 无人机类型。

③ 职位，包括机长、副驾驶。

3. 熟练检查

驾驶员应对每个签注的无人机类型接受熟练检查，该检查每 12 个月进行 1 次。检查由局方可接受的人员实施。

4. 体检合格证

持有驾驶员执照的无人机驾驶员必须持有按中国民用航空规章《民用航空人员体检合格证管理规则》（CCAR-67FS）颁发的有效体检合格证，并且在行使驾驶员执照权利时随身携带该合格证。

5. 航空知识要求

申请人必须接受并记录培训机构工作人员提供的地面训练，完成下列与所申请无人机系统等级相应的地面训练课程并通过理论考试。

① 航空法规以及机场周边飞行、防撞、无线电通信、夜间运行、高空运行等知识。

② 气象学，包括识别临界天气状况，获得气象资料的程序以及航空天气报告和预报的使用。

③ 航空器空气动力学基础和飞行原理。

④ 无人机主要系统，如导航、飞控、动力、链路、电气等知识。

⑤ 无人机系统通用应急操控程序。

⑥ 所使用的无人机系统特性，包括起飞和着陆要求，性能，通信、导航和监视功能。

6. 飞行技能与经历要求

申请人必须至少在下列操作上接受并记录了培训机构提供的针对所申请无

人机系统等级的实际操控飞行或模拟飞行训练。

（1）对机长的要求

① 空域申请与空管通信，不少于4h。

② 航线规划，不少于4h。

③ 系统检查程序，不少于4h。

④ 正常飞行程序指挥，不少于20h。

⑤ 应急飞行程序指挥，包括规避航空器、发动机故障、链路丢失、应急回收、迫降等，不少于20h。

⑥ 任务执行指挥，不少于4h。

（2）对驾驶员的要求

① 飞行前检查，不少于4h。

② 正常飞行程序操作，不少于20h。

③ 应急飞行程序操作，包括发动机故障、链路丢失、应急回收、迫降等，不少于20h。

（3）对教员的要求

① 正常飞行程序指挥，不少于5h。

② 应急飞行程序指挥与操作，包括规避航空器、发动机故障、链路丢失、应急回收、迫降等，不少于5h。

③ 教学法相关内容，不少于10h。

7. 飞行技能考试

① 考试员应由局方认可的人员担任。

② 用于考核的无人机系统由执照申请人提供。

③ 考试中除对上述训练内容进行操作考核外，还应对下列内容进行充分口试：所使用的无人机系统特性，所使用的无人机系统正常操作程序，所使用的无人机系统应急操作程序。

第五节　民用无人机驾驶员培训和考试

一、民用无人机驾驶员培训

操控7kg以上、视距半径500m以内、高度高于120m的无人机，必须拿到相应的执照。

无人机驾驶员在具有资质的培训机构进行培训，理论考试和实践考试由中国航空器拥有者及驾驶员协会（AOPA）具体负责，考核通过后由中国AOPA颁发无人机驾驶员执照。

无人机培训一般包括理论知识、模拟训练和实践操练共计18个科目，见

表 7-1。

表 7-1　无人机培训内容

理论知识	模拟训练	实践操练
无人机相关法规	系统设备识别	无人机飞行前期检查
航空气象与飞行环境知识	系统设备检查	地面站设置与飞行标准
飞行原理与技能	模拟器的安装与设置	带飞飞行训练
无人机概述与系统组成	模拟自由飞行训练	自主飞行训练
空域知识及申请流程	模拟考核模式训练	紧急情况下操控和指挥
通用应急处理预案	针对性模拟强化训练	无人机拆装、维护、维修和保养

报考无人机培训学校，应该从学校资质、教学质量、培训价格、教学设施以及通关率、就业率等几个方面综合考虑来挑选。

二、民用无人机驾驶员考试

AOPA 无人机考试等级分为教员、机长和驾驶员三个级别。每种等级的考试科目都有理论科目考试和实践科目考试。

无人机理论考试科目和通过成绩见表 7-2。

表 7-2　无人机理论考试科目和通过成绩

考试科目	考试大纲	时限/min	题目数量/道	通过分数/分
民用无人驾驶航空器系统驾驶员理论考试（固定翼）	无人驾驶航空器系统驾驶员理论考试大纲（固定翼）	120	100	驾驶员：70 机长：80
民用无人驾驶航空器系统驾驶员理论考试（旋翼）	无人驾驶航空器系统驾驶员理论考试大纲（旋翼）	120	100	驾驶员：70 机长：80
民用无人驾驶航空器系统教员	无人驾驶航空器系统教员理论大纲	60	40	80

《民用无人驾驶航空器系统驾驶员实践考试标准》中规定驾驶员实践考试包括以下内容。

1. 飞行前的准备

科目 A：证照及文件

目的：按下列项目确定申请人已掌握与证件和文件相关的知识。

① 民用无人驾驶航空器系统驾驶员合格证以及近期飞行经历。

② 体检合格证的等级及有效期。

③ 飞行经历记录本。

④ 任务所需设备清单。

科目 B：适航要求

目的：按下列项目确定申请人已掌握与适合要求相关的必要知识。

① 昼间和夜间目视飞行所需要的仪表及设备。

② 在有或没有最低放行飞行检查单时，确认航空器是否达到起飞要求。

③ 获得特殊飞行许可的要求和程序。

④ 确定位置并解释维修记录、维修或检查要求、相应记录的保存。

科目 C：天气信息

目的：确认申请人掌握以下与天气信息相关的知识。

① 通过各种渠道获得和分析天气报告、气象图、现场环境等与天气信息相关信息的能力。

② 根据天气信息，做出"飞或不飞"的决定。

科目 D：空域

目的：通过对下列内容的讲解，确认申请人具备与空域相关的必要知识。

① 各种空域的运行规则，以及对驾驶员和无人机设备要求。

② 特殊使用空域和其他空域。

科目 E：性能及限制数据

目的：确认申请人掌握以下与性能及限制数据相关的知识。

① 通过讲解图表的使用，确定无人机性能的数据和超出限制的不良影响。

② 重量和平衡的计算，确定无人机的载重和重心在无人机的限制范围内，并且在飞行的各个阶段飞行器的重量和重心都在限制范围内。

③ 性能图、表和数据的使用。

④ 讲述天气情况对无人机性能的影响。

科目 F：任务描述及分解

目的：确认申请人能够合理地对飞行任务进行描述和分解。

科目 G：电子地图的导入、校准及编辑

目的：确认申请人能够将电子地图正确导入地面站软件，并校准坐标点；能够正确对电子地图进行编辑。

科目 H：航线规划及编辑

目的：确认申请人能够正确规划航线和编辑航线。

科目 I：航路规划中的应急处理方案

目的：确认申请人能够在飞行航路规划中提前做好应急方案，根据地形选好备降场地，或一键返航，遇到突发事件能有效处理。

2. 飞行前程序

科目 A：飞行器检查

目的：确认申请人具备飞行器检查的知识。

①　具备对飞行前检查相关的必要知识，其中包括检查的项目，每一项目检查的原因和如何发现隐患。

②　按照检查单进行无人机内外部检查。

③　确认无人机可以安全飞行。

科目 B：地面站检查

目的：确认申请人具备地面站检查的知识。

①　具备对驾驶地面站程序相关的知识。

②　确保地面站所有设备物品均被固定好。

③　检查地面站系统是否正常，对地面站操作手册的使用是否熟练。

科目 C：发动机或动力电动机启动

目的：确认申请人具备发动机或动力电动机启动的知识。

①　具备与推荐的发动机启动程序相关的必要知识，包括使用外部电源启动、搬动螺旋桨的安全事项以及在各种气象条件下发动机的启动。

②　启动发动机时，对建筑物、路面情况、临近的航空器、人员和财产的考虑。

③　启动程序中对检查单的使用。

科目 D：无人机起飞前检查

目的：确认申请人具备无人机起飞前检查的知识。

①　与发动机启动和旋翼结合相关的安全预防措施。

②　正确停放旋翼无人机以避免危险。

③　电源检查。

④　大气条件对发动机启动和旋翼结合的影响。

⑤　正确调节摩擦的重要性。

⑥　按检查单操作的重要性。

⑦　启动过程中和启动后防止旋翼无人机无意移动。

3. 机场和基地操作

科目 A：无线电通信

目的：确认申请人具备与无线电通信相关的知识。

①　具备与无线电通信的必要知识。

②　选择正确的频率。

③　确认收到并遵守无线电通信指令。

科目 B：起落航线范围

目的：确认申请人具备与起落航线相关的知识。

①　具备与起落航线相关的必要知识，包括在管制和非管制机场的程序、防止跑道入侵和防撞、规避尾流和风切变等程序的知识。

②　执行正确的起落航线程序。

③ 与其他飞行活动保持合理间隔。

④ 对风进行正确的修正以保证起降准确。

⑤ 保持对使用跑道的方位概念。

科目 C：跑道/发射回收区

目的：确认申请人具备与机场/基地、跑道和滑行道的操作相关的必要知识；正确辨别机场/基地和认读跑道及其规定要求。

4. 起飞/发射、着陆/回收和复飞

科目 A：正常和侧风条件下的起飞和爬升

目的：确认申请人具备正常和侧风条件下的起飞与爬升相关的知识及能力。

① 在滑进跑道和起飞区域前，确认五边无冲突并使用正确的跑道，防止跑道侵入。

② 具备与正常和侧风起飞、爬升和中断起飞相关的必要知识。

③ 明确风向。

④ 确认侧风分量是否超过飞行员控制能力范围或航空器性能限制。

⑤ 根据当时的侧风正确操控航空器。

⑥ 周围无障碍物，滑行至起飞位并对正跑道中心线。

⑦ 合理加油门至起飞功率。

⑧ 建立并保持最佳抬轮姿态，修正和防止跳跃。

⑨ 在爬升中保持好俯仰姿态。

⑩ 在建立正上升率后，保持与地面有效沟通。

⑪ 保持起飞功率至安全的飞行高度。

⑫ 在起飞和爬升过程中保持好方向，正确进行风的修正。

⑬ 完成相应的检查单。

科目 B：正常和侧风条件下的进近及着陆

目的：确认申请人具备正常和侧风条件下的进近及着陆相关的知识与能力。

① 具备与正常和侧风条件下进近及着陆相关的必要知识，特别强调正确操控无人机。

② 充分观察着陆区域。

③ 根据风、着陆道面和障碍物，选择最合适的接地点。

④ 建立推荐的进近、着陆形态和空速，按需要调整俯仰姿态和油门。

⑤ 保持稳定进近和推荐的空速，同时修正阵风分量。

⑥ 在拉平和接地的过程中，柔和、及时、正确地操控无人机。

⑦ 在进近和着陆过程中，保持方向控制和侧风修正。

⑧ 在进近过程中偏差超出允许范围，应立即执行复飞。

⑨ 执行着陆后防止跑道入侵。

⑩ 完成相应的检查单。

科目 C：不满足着陆条件的复飞

目的：确认申请人对复飞的判断和把握。

科目 D：发射和回收

目的：确认申请人具备与发射和回收相关的知识。

① 弹射起飞完成相应检查单。

② 零长助推起飞完成相应检查单。

③ 起飞前对伞降装置的检查。

科目 E：旋翼无人机的起降

目的：确认申请人具备与旋翼无人机起降相关的知识

① 在逆风、顺风、侧风条件下，以适当的上升率，垂直上升到指定的悬停高度。

② 以适当的下降率垂直下降到所选的接地点。

③ 在逆风、顺风、侧风条件下垂直接地。

④ 风的分析。

⑤ 完成相应检查单。

5. 航线飞行

科目 A：与飞行相关数据的获取

目的：确认申请人通过地面站界面及时获取飞行数据；通过其他辅助手段获取飞行数据。

科目 B：切换航路点或修改航路点

目的：确认申请人根据不同的任务要求或突发情况，合理修改航路点；熟悉使用地面站，及时准确地做出航路点的修改。

科目 C：改变速度

目的：确认申请人熟练修改无人机速度。

科目 D：改变高度

目的：确认申请人熟练修改无人机高度。

科目 E：飞行控制模式的切换

目的：确认申请人熟练进行飞行控制模式的切换。

6. 应急操作

科目 A：下行链路故障

科目 B：上行链路故障

科目 C：动力系统故障

科目 D：机载电力系统故障

科目 E：地面站故障

科目 F：起落架或回收装置故障

科目 G：飞行平台操控面故障

科目 H：飞行平台其他故障

科目 I：迫降或应急回收的实施

科目 J：尾旋

7. 夜间飞行

科目 A：夜航的特殊操作

目的：确认申请人具备与夜航飞行相关的必要知识。

① 夜间飞行无人机必要的加改装设备。

② 针对夜间飞行的安全预想和特情处理准备。

8. 飞行后程序

科目 A：飞行器降落或回收后处理

目的：确认申请人具备与飞行器降落或回收后处理相关的知识。

① 具备与着陆后、停机和系留程序相关的必要知识。

② 接地后保持方向，减速至适当速度。

③ 观察跑道和其他地面物体。

④ 考虑附近人员及财产安全，选择适当位置停机。

⑤ 执行相应的关机程序。

⑥ 完成相应的检查单。

三、多旋翼无人机实际飞行考试科目及标准

1. 起飞

多旋翼无人机必须从停机坪垂直起飞，悬停高度为 2～5m，悬停时间在 2s 以上。

要求：必须从半径 1m 的圆圈中心起飞，垂直上升，直到起落架到达指定高度位置，悬停时间在 2s 以上。

2. 自旋一周（360°旋转一周）

（1）驾驶员及机长等级考试要求　匀速缓慢绕机体中轴线旋转一周（旋转方向任意，向左或向右旋转均可），旋转用时应为 6～20s，偏移范围高度方向不超过 1m，水平方向不超过 2.5m。

（2）教员等级考试要求　匀速缓慢绕机体中轴线向左和向右各旋转一周，旋转用时应为 6～20s，偏移范围高度方向不超过 0.5m，水平方向不超过 1.5m。

旋转必须以一个固定的速率进行。

3. 水平"8"字

（1）驾驶员及机长等级考试要求　正飞水平"8"字，保持机头一直朝前

进方向完成飞行动作，如图 7-1 所示。

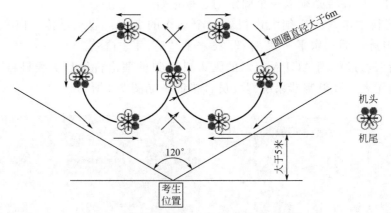

图 7-1 驾驶员及机长水平"8"字科目示意图

（2）教员等级考试要求 倒飞水平"8"字，保持机尾一直朝前进方向完成飞行动作，如图 7-2 所示。

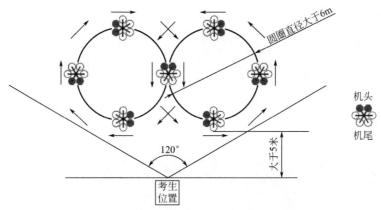

图 7-2 教员倒飞水平"8"字科目示意图

从悬停位置直接进入水平"8"字航线，向左或向右切入航线方向不限。动作完成后转成对尾悬停准备降落，机头偏差角度不能超过 15°。

要求：两个圆的直径相同（直径大于 6m），两个圆的结合部位通过身体中线，空域在 120°内，整个动作的高度不变。

4. 降落

多旋翼无人机移动至起降区上空平视高度处悬停 2s，垂直降落。着陆时必须平稳并且在停机坪的中心。

降落操作应注意以下几点。

① 在悬停动作中，所有停止必须保持最少 2s 的间隔（特殊规定除外）。圆

形和线形悬停部分必须以常速进行。

② 每一次旋转必须以一个固定的速率进行。

③ 飞行中申请人必须大声报告每个动作的名字：起飞悬停、向左自旋一周/向右自旋一周、水平"8"字/倒飞水平"8"字、降落。

申请人通过中国 AOPA 组织的无人机驾驶员理论科目和实践科目考试后，颁发民用无人驾驶航空器系统驾驶员合格证，如图 7-3 所示。

图 7-3　民用无人驾驶航空器系统驾驶员合格证

参 考 文 献

［1］ 鲍凯. 玩转四轴飞行器 ［M］. 北京：清华大学出版社，2015.

［2］ ［法］鲁道夫•乔巴尔. 玩转无人机 ［M］. 吴博译. 北京：人民邮电出版社，2015.

［3］ 黄和悦. DIY 四轴飞行器 ［M］. 北京：电子工业出版社，2015.

［4］ 王福超. 四旋翼无人飞行器控制系统设计与实现 ［D］. 哈尔滨：哈尔滨工程大学，2013.

［5］ 赵继. 基于运动捕捉系统的四旋翼飞行器导航控制技术研究 ［D］. 南京：南京航空航天大学，2015.

［6］ 马远超. 四旋翼飞行器导航及控制技术研究 ［D］. 哈尔滨：哈尔滨工程大学，2013.

［7］ 凌金福. 四旋翼飞行器飞行控制算法的研究 ［D］. 南昌：南昌大学，2013.

［8］ 米培良. 四旋翼飞行器控制与实现 ［D］. 大连：大连理工大学，2015.

［9］ 黄依新. 四旋翼飞行器姿态控制方法研究 ［D］. 成都：西南交通大学，2011.

［10］ 叶树球. 四旋翼飞行器姿态控制算法研究 ［D］. 淮南：安徽理工大学，2015.

［11］ 何瑜. 四轴飞行器控制系统设计及其姿态解算和控制算法研究 ［D］. 成都：电子科技大学，2015.

参考文献